JN160026

線型代数 +α

小林 雅人 著

大学教育出版

まえがき

本書は、一橋大学で2014～2016年度に開講した線型代数IA、IBの授業（90分×15回）のレクチャーノートを大幅に加筆修正したものである。

タイトルを「線型代数+α」としたのは、コラムとして言語学や心理学、認知科学に登場するアイディアを紹介したからである。

実際、数学は特殊な分野なので習得するには発想の転換・言語を用いた認知のしくみ・人間の脳の性質など幅広い知識があるとよい。大学数学の入門である線型代数にさえ、そのエッセンスがぎゅっと詰まっている。

最後に、草稿を丹念に読んで間違いを指摘してくれた学生のみなさんと、編集作業を手伝って下さった佐藤守さんにに感謝したい。

2017年　1月30日

小林　雅人

線型代数＋α

目次

まえがき **i**

第1章　ベクトルと行列 **1**
1.1　線型代数とは？ 1
1.2　ベクトル 2
1.3　ベクトルの代数 3
1.4　行列 4
1.5　行列の代数 6
1.6　行列と方程式 7
1.7　転置行列 7
1.8　三角行列 8
1.9　演習問題 9
1.10　演習問題解答 11
1.11　コラム：チャンクと抽象度 12

第2章　内積と外積 **13**
2.1　ベクトルの大きさ 13
2.2　単位ベクトル 14
2.3　内積 15
2.4　コーシー・シュワルツの不等式 16
2.5　ベクトルのなす角 17
2.6　外積 18
2.7　外積と平行四辺形 20
2.8　演習問題 21
2.9　演習問題解答 22

第3章　諸定理 **24**
3.1　三角不等式 24
3.2　一次独立性 25
3.3　グラム・シュミットの直交化法 27

3.4 ピタゴラスの定理 30
3.5 演習問題 32
3.6 演習問題解答 34
3.7 コラム：不完全恐怖 35

第4章 行列の積：基礎 36
4.1 行列の積 36
4.2 単位行列 40
4.3 行列の２次方程式 42
4.4 演習問題 44
4.5 演習問題解答 46

第5章 行列の積：応用 48
5.1 可換性 48
5.2 逆行列 48
5.3 行列のベキ乗 52
5.4 ブラケット積 54
5.5 演習問題 56
5.6 演習問題解答 57
5.7 コラム：先入観は敵、固定概念は悪 58

第6章 行列の変形 59
6.1 行列の基本変形 59
6.2 階段行列 62
6.3 掃き出し法 63
6.4 行列のランク 66
6.5 同値類 67
6.6 文字が入る場合 68
6.7 演習問題 69
6.8 演習問題解答 70
6.9 コラム：ジグソーパズル vs ルービックキューブ 71

第7章 連立一次方程式：基礎 72
7.1 そもそもの話：連立方程式の解 72
7.2 連立方程式の解法例 74
7.3 連立方程式の解 75
7.4 解の表示法 77

7.5 階段行列再考 78
7.6 rank の解釈 79
7.7 演習問題 80
7.8 演習問題解答 81

第 8 章 連立一次方程式：応用 82
8.1 その他の標準形 82
8.2 解の存在条件 83
8.3 同次形の連立方程式 86
8.4 応用：ランクと一次独立性 87
8.5 演習問題 89
8.6 演習問題解答 90
8.7 連立一次方程式まとめ 91

第 9 章 逆行列と基本行列 92
9.1 逆行列 92
9.2 逆行列の計算法（&存在判定法） 93
9.3 基本行列 96
9.4 掃き出し法による逆行列の計算 99
9.5 応用：基本行列の積 100
9.6 演習問題 101
9.7 演習問題解答 102
9.8 コラム：上り坂と下り坂 103

第 10 章 行列式 104
10.1 クラメルの公式 104
10.2 行列式 106
10.3 クラメルの公式 107
10.4 コラム：全体像 110
10.5 演習問題 111
10.6 演習問題解答 112
10.7 ニューロンネットワーク 113

第 11 章 行列式の性質 114
11.1 転置不変性 114
11.2 多重線型性 116
11.3 行列式の乗法性 119

11.4 演習問題 121
11.5 演習問題解答 123

第 12 章 余因子展開 **125**
12.1 余因子 125
12.2 余因子行列 128
12.3 余因子展開の証明 130
12.4 演習問題 132
12.5 演習問題解答 133

第 13 章 複素数 **135**
13.1 複素数とは？ 135
13.2 大きさと偏角 138
13.3 三角不等式 140
13.4 応用：代数学の基本定理 140
13.5 演習問題 142
13.6 演習問題解答 143
13.7 コラム：パラダイムシフト＆ゲシュタルトスイッチ 144

第 14 章 オイラーの公式 **145**
14.1 幾何学的解釈 145
14.2 回転と複素数 146
14.3 複素数と行列 148
14.4 オイラーの等式 149
14.5 マクローリン級数とオイラーの公式 151
14.6 加法定理とピタゴラスの定理 154
14.7 演習問題 156
14.8 演習問題解答 157
14.9 コラム：システム１と２ 158

参考文献 **159**

第1章　ベクトルと行列

1.1　線型代数とは？

線型代数は大学数学入門の分野である。大学の数学の全体像を知っておくとよい。

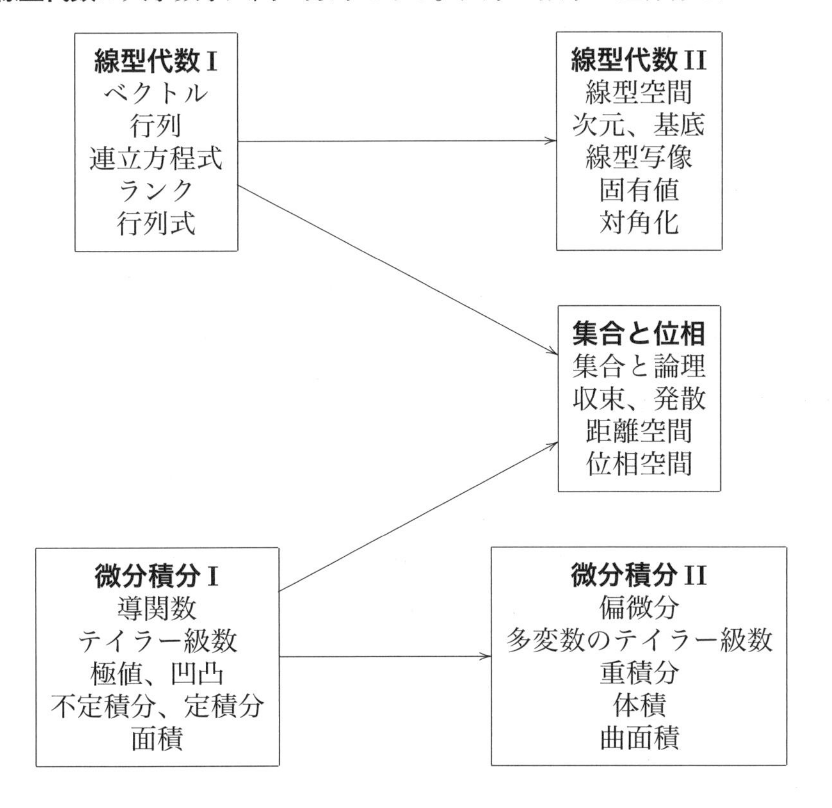

線型代数 (linear algebra) のイメージ：
加減乗除、等式、方程式…などの計算（代数）をいっぺんに行う。

1.2 ベクトル

ベクトルというコンセプト：数字（実数）を直線状に並べたもの。行ベクトル＝ヨコに並べるものと列ベクトル＝タテにならべるものの2種類がある。ベクトルを成す数字それぞれを**成分**という。

$$\text{ベクトル}\begin{cases}\text{行ベクトル：} & (1,2,3),(0,0,0,0,0,0)\\ \text{列ベクトル：} & \begin{pmatrix}4\\5\end{pmatrix},\begin{pmatrix}\pi\\ \sqrt{2}\\ -1\end{pmatrix}\end{cases}$$

上のように( )で両端を囲って表す。行ベクトルの場合は数字の間にカンマを打つのが習慣である。

- ベクトルの**次元**…成分の個数
- ベクトルの**型**…「4次元行ベクトル」のように次元と行（列）をあわせたデータ

ベクトルを表すための特殊なフォント　BBB (Black Board Bold)

スカラーとベクトルを区別するため、ベクトルを a, b, c, x, y, z でなく、$\boldsymbol{a}, \boldsymbol{b}, \boldsymbol{c}, \boldsymbol{x}, \boldsymbol{y}, \boldsymbol{z}$ のように太字を使って表す。

用語メモ

線型代数では、実数のことをよく**スカラー** (scalar) と呼ぶ。この用語はベクトルとの区別を強調するために用いる。

特殊なベクトル

- ゼロベクトル：成分が全てゼロのベクトル。混同のおそれがなければ、すべて記号“**0**”で表す。
- 基本ベクトル：第 i 成分が1でほかはすべて0の（行あるいは列）ベクトルのこと。

$$\boldsymbol{e}_i = (0,\ldots,0,1,0,\ldots,0)$$

1.3　ベクトルの代数

代数 (algebra) とは、加減乗除、等式、方程式など文字や記号を使った一連の理論である。ベクトルでも代数ができる。

- 等式：$\boldsymbol{a} = (a_1, \ldots, a_m)$, $\boldsymbol{b} = (b_1, \ldots, b_n)$ とする。行ベクトルの等式 "$\boldsymbol{a} = \boldsymbol{b}$" は、$m = n$ であり、さらに $a_i = b_i$ がすべての i について成り立つことを意味する。列ベクトルについても同様。

- 和："$\boldsymbol{a} + \boldsymbol{b}$" は（$\boldsymbol{a}, \boldsymbol{b}$ の型が等しいときに限り定義して）成分ごとに和をとったベクトルとする：

$$(3, 5, 7) + (-2, 4, 1) = (1, 9, 8),$$

$$\begin{pmatrix} 3 \\ 5 \end{pmatrix} + \begin{pmatrix} 2 \\ 4 \end{pmatrix} = \begin{pmatrix} 5 \\ 9 \end{pmatrix}.$$

- スカラー倍：$c\boldsymbol{a}$ は $\boldsymbol{a}$ のすべての成分を c 倍して得られるベクトル。

$$5(-1, 3, 7) = (-5, 15, 35),$$

$$100 \begin{pmatrix} 3 \\ 5 \end{pmatrix} = \begin{pmatrix} 300 \\ 500 \end{pmatrix}.$$

ただし、$-\boldsymbol{a}$ は $(-1)\boldsymbol{a}$ という意味である。

ベクトルの計算法則

$\boldsymbol{a}, \boldsymbol{b}, \boldsymbol{c}$ を同じ型のベクトル、α, β をスカラーとする。

$$\begin{aligned}
\boldsymbol{a} + \boldsymbol{b} &= \boldsymbol{b} + \boldsymbol{a} \\
(\boldsymbol{a} + \boldsymbol{b}) + \boldsymbol{c} &= \boldsymbol{a} + (\boldsymbol{b} + \boldsymbol{c}) \\
\alpha(\boldsymbol{a} + \boldsymbol{b}) &= \alpha\boldsymbol{a} + \alpha\boldsymbol{b} \\
(\alpha + \beta)\boldsymbol{a} &= \alpha\boldsymbol{a} + \beta\boldsymbol{a} \\
0\boldsymbol{a} &= \boldsymbol{0} \\
\alpha\boldsymbol{0} &= \boldsymbol{0} \\
\boldsymbol{a} + \boldsymbol{0} &= \boldsymbol{a} \\
1\boldsymbol{a} &= \boldsymbol{a} \\
(-1)\boldsymbol{a} &= -\boldsymbol{a} \\
\alpha(\beta\boldsymbol{a}) &= (\alpha\beta)\boldsymbol{a}
\end{aligned}$$

例題 1. $\boldsymbol{a} = (1, 2, -1), \boldsymbol{b} = (-2, -1, 1), \boldsymbol{c} = (0, 3, 2), \boldsymbol{0} = (0, 0, 0)$ とおく。
次のベクトルを計算せよ。

(a) $\boldsymbol{a} + (\boldsymbol{b} - 3\boldsymbol{c})$

(b) $-2(\boldsymbol{a} + \boldsymbol{b} + \boldsymbol{c}) + (3\boldsymbol{a} + \boldsymbol{b} + \boldsymbol{0})$

▶ 解

(a) $\boldsymbol{a} + (\boldsymbol{b} - 3\boldsymbol{c}) = (1 + (-2) - 3 \cdot 0, 2 + (-1) - 3 \cdot 3, -1 + 1 - 3 \cdot 2) = (-1, -8, -6).$

(b) 分配法則を用いて、整理してから計算する。また、$\boldsymbol{0}$ は無視してよい。

$$\begin{aligned} -2(\boldsymbol{a} + \boldsymbol{b} + \boldsymbol{c}) + (3\boldsymbol{a} + \boldsymbol{b} + \boldsymbol{0}) &= (-2\boldsymbol{a} + 3\boldsymbol{a}) + (-2\boldsymbol{b} + \boldsymbol{b}) - 2\boldsymbol{c} + \boldsymbol{0} \\ &= \boldsymbol{a} - \boldsymbol{b} - 2\boldsymbol{c} = (3, -3, -6). \end{aligned}$$

例題 2. $-2\boldsymbol{x} + \begin{pmatrix} 3 \\ 6 \\ -1 \end{pmatrix} = \begin{pmatrix} -1 \\ -2 \\ 3 \end{pmatrix}$ をみたすベクトル $\boldsymbol{x}$ を求めよ。

▶ 解　左辺の $\begin{pmatrix} 3 \\ 6 \\ -1 \end{pmatrix}$ を「移項」して

$$-2\boldsymbol{x} = \begin{pmatrix} -1 \\ -2 \\ 3 \end{pmatrix} - \begin{pmatrix} 3 \\ 6 \\ -1 \end{pmatrix} = \begin{pmatrix} -4 \\ -8 \\ 4 \end{pmatrix},$$

$$\boldsymbol{x} = \begin{pmatrix} 2 \\ 4 \\ -2 \end{pmatrix}$$ となる。

1.4　行列

- **行列**とは？
  実数を長方形状に並べたもの。やはり両端を ( ) で囲んで表す。ただし、2 行以上あるときは、数字の間にカンマを打たないのが習慣である。

$$\begin{pmatrix} 1 & 2 & 3 \\ 4 & 5 & 6 \end{pmatrix}, (1, 2, 3), (4, 5, 6), \begin{pmatrix} 1 \\ 4 \end{pmatrix}, \begin{pmatrix} 2 \\ 5 \end{pmatrix}, \begin{pmatrix} 3 \\ 6 \end{pmatrix}, (1), (2)$$

など。

行列に関する用語

行 ヨコの並び。上から1行、2行…

列 タテの並び。左から1列、2列…

型 行列の行の個数と列の個数を並べた情報のこと。
よく、$m \times n$ 行列あるいは (m, n) 型行列のように表す。
（行の個数を先に書くのが暗黙のルール）
特に、

$$\begin{array}{rcl} (1,n)\text{型行列} & = & n\text{次元行ベクトル} \\ (m,1)\text{型行列} & = & m\text{次元列ベクトル} \\ (1,1)\text{型行列} & = & \text{実数} \end{array}$$

である。

成分 行列を構成する1つ1つの数字のこと。「要素」ともいう。A の i 行 j 列にある成分を (i, j) 成分と呼び、“a_{ij}”のように二重の添字で表す。

正方行列 行と列の個数が等しい行列のこと。

次数 正方行列の行（列）の個数。

例題 3. (i, j) 成分が $i^2 + j$ の 2×3 行列 A を求めよ。また、$\begin{pmatrix} -3j \\ j \\ 2j-1 \end{pmatrix}$ を j 列ベクトルとする 3×3 行列 B を求めよ。

▶ 解　$a_{ij} = i^2 + j$ に $i = 1, 2, j = 1, 2, 3$ を代入して各成分を求める。それをしかるべき順序で並べると $A = \begin{pmatrix} a_{11} & a_{12} & a_{13} \\ a_{21} & a_{22} & a_{23} \end{pmatrix} = \begin{pmatrix} 2 & 3 & 4 \\ 5 & 6 & 7 \end{pmatrix}$ を得る。

次に、$\begin{pmatrix} -3j \\ j \\ 2j-1 \end{pmatrix}$ に $j = 1, 2, 3$ を代入して列ベクトルを求めると、

$$B = \begin{pmatrix} -3 & -6 & -9 \\ 1 & 2 & 3 \\ 1 & 3 & 5 \end{pmatrix}.$$

1.5 行列の代数

- 行列の等式：$A = B$ とは次の 2 条件が成り立つことである。

  [1] A と B の型が等しい。

  [2] 「A の (i, j) 成分と B の (i, j) 成分が等しい」がすべての (i, j) について成り立つ。

- 和：A と B の型が同じときに限り、$A + B$ を定義する。それは、A と B の対応する成分の和をとってできる行列である。

$$\begin{pmatrix} 1 & 2 & 3 \\ 4 & 5 & 6 \end{pmatrix} + \begin{pmatrix} 7 & 8 & 9 \\ 10 & 11 & 12 \end{pmatrix} = \begin{pmatrix} 1+7 & 2+8 & 3+9 \\ 4+10 & 5+11 & 6+12 \end{pmatrix} = \begin{pmatrix} 8 & 10 & 12 \\ 14 & 16 & 18 \end{pmatrix}.$$

- スカラー倍：成分ごとにスカラー倍した行列。

$$100 \begin{pmatrix} 1 & 2 & 3 \\ 4 & 5 & 6 \end{pmatrix} = \begin{pmatrix} 100 & 200 & 300 \\ 400 & 500 & 600 \end{pmatrix}.$$

  ただし、$-A$ は $(-1)A$ という意味である：

$$-\begin{pmatrix} 1 & 2 & 3 \\ 4 & 5 & 6 \end{pmatrix} = \begin{pmatrix} -1 & -2 & -3 \\ -4 & -5 & -6 \end{pmatrix}.$$

- ゼロ行列：成分がすべて 0 の行列のこと。記号は、(m, n) 型のゼロ行列を O_{mn} で表すことが多い。また、(n, n) 型だと単に O_n と表すこともある。また、混同のおそれがなければすべて "O" と書いてしまう。

行列の計算法則

A, B, C を同じ型の行列、O をそれらと同じ型の零行列、α, β をスカラーとする。次の式が成り立つ。

[1] $A + B = B + A$　[2] $A + (B + C) = (A + B) + C$　[3] $A + O = A$

[4] $A + (-A) = O$　[5] $\alpha(\beta A) = (\alpha\beta)A$　[6] $(\alpha + \beta)A = \alpha A + \beta A$

[7] $\alpha(A + B) = \alpha A + \alpha B$　[8] $0A = O$　[9] $\alpha O = O$　[10] $1A = A$

1.6　行列と方程式

以上の和やスカラー倍を用いて、行列を含む方程式を考えることもできる。行列の成分の中に変数があるケースと、行列そのものが変数であるケースがある。

例題 4. $\begin{pmatrix} x & 0 & 2 \\ 6 & y & 3 \end{pmatrix} = \begin{pmatrix} 1 & 0 & 2 \\ 6 & x+1 & z-1 \end{pmatrix}$ を満たす実数 x, y, z を求めよ。

▶ 解　各成分を比べて、連立方程式を立てる。

$$\begin{aligned} &x = 1, \quad 0 = 0, \quad && 2 = 2, \\ &6 = 6, \quad y = x + 1, \quad && 3 = z - 1 \end{aligned}$$

より、$x = 1, y = 2, z = 4.$

例題 5. $A = \begin{pmatrix} 2 & 5 \\ -1 & 3 \end{pmatrix}, B = \begin{pmatrix} 4 & -5 \\ 1 & 0 \end{pmatrix}, O = \begin{pmatrix} 0 & 0 \\ 0 & 0 \end{pmatrix}$ とする。

$2A - B + 3X = O$　を満たす行列 X を求めよ。

▶ 解　まず、左辺の 2 項を「移項」して

$$3X = -2A + B + O.$$

両辺を 3 で割ると

$$\begin{aligned} X &= \frac{1}{3}(-2A + B + O) \\ &= \frac{1}{3}\left(\begin{pmatrix} -4 & -10 \\ 2 & -6 \end{pmatrix} + \begin{pmatrix} 4 & -5 \\ 1 & 0 \end{pmatrix}\right) \\ &= \frac{1}{3}\begin{pmatrix} 0 & -15 \\ 3 & -6 \end{pmatrix} \\ &= \begin{pmatrix} 0 & -5 \\ 1 & -2 \end{pmatrix}. \end{aligned}$$

1.7　転置行列

A の**転置行列**とは、A の行と列の役割を入れ替えてできる行列のことを指す。記号は ${}^tA$ を用いる。

例：$A = \begin{pmatrix} 1 & 2 \\ 3 & 4 \\ 5 & 6 \end{pmatrix}$ ならば、${}^tA = \begin{pmatrix} 1 & 3 & 5 \\ 2 & 4 & 6 \end{pmatrix}.$

▶ シンボルの左上に文字を置く記法は珍しい。これはおそらく日本独特。もっと広く使われるのは A^T. 転置は英語で transpose という。

転置行列の性質

- A の (i,j) 成分と ${}^tA$ の (j,i) 成分は等しい。
- A の i 行ベクトルと ${}^tA$ の i 列ベクトルは等しい。
- A の j 列ベクトルと ${}^tA$ の j 行ベクトルは等しい。
- A が $m \times n$ 行列ならば、${}^tA$ は $n \times m$ 行列である。
- ${}^t({}^tA) = A$.
- ${}^t(A+B) = {}^tA + {}^tB$.
- ${}^t(\lambda A) = \lambda\, {}^tA$.

1.8 三角行列

正方行列 $A = (a_{ij})$ を考える。$i > j$ のとき $a_{ij} = 0$ が成り立つ行列を**上三角行列**、$i < j$ のとき $a_{ij} = 0$ が成り立つ行列を**下三角行列**、まとめて**三角行列**と呼ぶ。また、上三角行列かつ下三角行列であるものを**対角行列**という。

3次の場合なら、これらはそれぞれ次のような形になる。

$$\begin{pmatrix} a_{11} & a_{12} & a_{13} \\ 0 & a_{22} & a_{23} \\ 0 & 0 & a_{33} \end{pmatrix}, \begin{pmatrix} a_{11} & 0 & 0 \\ a_{21} & a_{22} & 0 \\ a_{31} & a_{32} & a_{33} \end{pmatrix}, \begin{pmatrix} a_{11} & 0 & 0 \\ 0 & a_{22} & 0 \\ 0 & 0 & a_{33} \end{pmatrix}$$

三角行列と転置行列の関係性

[1] A が上三角行列 $\Longleftrightarrow$ ${}^tA$ が下三角行列

[2] A が下三角行列 $\Longleftrightarrow$ ${}^tA$ が上三角行列

[3] A が対角行列 $\Longleftrightarrow$ ${}^tA$ が対角行列

1.9　演習問題

問題 1. “連立方程式” $\begin{cases} \boldsymbol{x} + 2\boldsymbol{y} = (1,4) \\ 3\boldsymbol{x} + \ \ \boldsymbol{y} = (3,7) \end{cases}$ をみたす 2 次元ベクトル $\boldsymbol{x}, \boldsymbol{y}$ を求めよ。

問題 2. $A = \begin{pmatrix} 0 & 1 \\ 1 & 0 \end{pmatrix}, B = \begin{pmatrix} 2 & -4 \\ 0 & 2 \end{pmatrix}, C = \begin{pmatrix} 1 & 0 \\ 7 & -1 \end{pmatrix}$ とおく。

次の行列を計算せよ。

$$2(A+B-C)-3(A+B+C)$$

$$2({}^tA + 3\,{}^tB + {}^tC) - {}^t(A+5B+C)$$

問題 3. (i,j) 成分が $2i+3j+5$ である 3×2 行列 A を書き下せ。

問題 4. 行列の連立方程式

$$\begin{cases} 2X - Y = \begin{pmatrix} 1 & -2 \\ 3 & 2 \end{pmatrix} \\ X + 3Y = \begin{pmatrix} 4 & -1 \\ -2 & 1 \end{pmatrix} \end{cases}$$

を満たす行列 X, Y を求めよ。

問題 5. n 次正方行列 A の各行と各列の和が一定のとき A を**魔方陣** (magic square) と呼び、さらに、0 から n^2-1 までの整数がちょうど 1 度ずつ現れるとき、**超魔方陣** (super magic square) と呼ぶ。

例：$\begin{pmatrix} 2 & 4 & 1 & 3 & 0 \\ 0 & 2 & 4 & 1 & 3 \\ 3 & 0 & 2 & 4 & 1 \\ 1 & 3 & 0 & 2 & 4 \\ 4 & 1 & 3 & 0 & 2 \end{pmatrix}$ は魔方陣、$\begin{pmatrix} 10 & 23 & 6 & 19 & 2 \\ 3 & 11 & 24 & 7 & 15 \\ 16 & 4 & 12 & 20 & 8 \\ 9 & 17 & 0 & 13 & 21 \\ 22 & 5 & 18 & 1 & 14 \end{pmatrix}$ は超魔方陣。

[1] 3×3 の魔方陣を 3 つ作れ。

[2] 3×3 の超魔方陣を 5 つ作れ。

行列は、ものごとの関係性を表現することもできる。

問題 6.

[1] 3チーム（チーム 1, 2, 3 とする）で総当たりのサッカー大会を行う。3試合の結果をまとめて表すため、$(3,3)$ 型の**星取表行列** $A=(a_{ij})$ を次のように構成する。(FIFA のシステム)

$$i=j\text{ のとき、 } a_{ii}=0.\ i\neq j\text{ のとき、 } a_{ij}=\begin{cases}3 & i\text{ が }j\text{ に勝ったとき}\\ 1 & i\text{ と }j\text{ が引き分けたとき}\\ 0 & i\text{ が }j\text{ に負けたとき}\end{cases}$$

次の3試合の結果を表す行列 A を求めよ。

第1試合：チーム 1　3–0　チーム 2
第2試合：チーム 2　2–2　チーム 3
第3試合：チーム 3　1–2　チーム 1

[2] n 個のウェブサイトがあるとする。ウェブサイト i がウェブサイト j をリンクしているとき、$i\to j$ で表す。$a_{ij}=\begin{cases}1 & i\to j\\ 0 & \text{そうでないとき}\end{cases}$ としてできる行列 $A=(a_{ij})$ をウェブサイト $1,2,\ldots,n$ の **Google™ 行列**という。
次の4つのウェブサイトの関係を表す行列 A を求めよ。

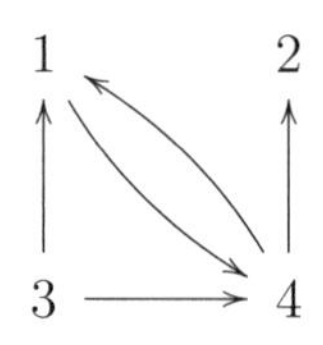

1.10 演習問題解答

解答 1. $\boldsymbol{x} = (1,2), \boldsymbol{y} = (0,1)$.

解答 2. $\begin{pmatrix} -7 & 3 \\ -36 & 3 \end{pmatrix}, \begin{pmatrix} 3 & 8 \\ -3 & 1 \end{pmatrix}$.

解答 3. $A = \begin{pmatrix} 10 & 13 \\ 12 & 15 \\ 14 & 17 \end{pmatrix}$.

解答 4. $X = \begin{pmatrix} 1 & -1 \\ 1 & 1 \end{pmatrix}, Y = \begin{pmatrix} 1 & 0 \\ -1 & 0 \end{pmatrix}$.

解答 5. [1] $\begin{pmatrix} 0 & 0 & 0 \\ 0 & 0 & 0 \\ 0 & 0 & 0 \end{pmatrix}, \begin{pmatrix} 1 & 0 & 0 \\ 0 & 1 & 0 \\ 0 & 0 & 1 \end{pmatrix}, \begin{pmatrix} 0 & 1 & 2 \\ 2 & 0 & 1 \\ 1 & 2 & 0 \end{pmatrix}$ など。

[2] 例えば、超魔方陣 $\begin{pmatrix} 1 & 8 & 3 \\ 6 & 4 & 2 \\ 5 & 0 & 7 \end{pmatrix}$ をもとにして行や列の入れ替え、(2 種類の) 対角線についての折り返しなど正方形の対称性を利用すれば 5 つ作れる。

$$\begin{pmatrix} 1 & 8 & 3 \\ 6 & 4 & 2 \\ 5 & 0 & 7 \end{pmatrix}, \begin{pmatrix} 6 & 4 & 2 \\ 1 & 8 & 3 \\ 5 & 0 & 7 \end{pmatrix}, \begin{pmatrix} 4 & 6 & 2 \\ 8 & 1 & 3 \\ 0 & 5 & 7 \end{pmatrix}, \begin{pmatrix} 4 & 8 & 0 \\ 6 & 1 & 5 \\ 2 & 3 & 7 \end{pmatrix}, \begin{pmatrix} 7 & 5 & 0 \\ 3 & 1 & 8 \\ 2 & 6 & 4 \end{pmatrix}.$$

解答 6.

[1] $A = \begin{pmatrix} 0 & 3 & 3 \\ 0 & 0 & 1 \\ 0 & 1 & 0 \end{pmatrix}$

[2] $\begin{pmatrix} 0 & 0 & 0 & 1 \\ 0 & 0 & 0 & 0 \\ 1 & 0 & 0 & 1 \\ 1 & 1 & 0 & 0 \end{pmatrix}$

図 1.1: 認識の抽象度を上げる＝チャンクアップ

行列：$A + (-A) = O$

↑

ベクトル：$\boldsymbol{a} + (-\boldsymbol{a}) = \boldsymbol{0}$

↑

実数：$a + (-a) = 0$

↑

数値：$5 + (-5) = 0$

1.11 コラム：チャンクと抽象度

実数、ベクトル、行列のように階層をなす概念や情報を**チャンク**と呼ぶ。

- チャンクアップ→視点を高くすること。なるべく抽象的に考えること。
- チャンクダウン→視点を低くすること。なるべく具体的に考えること。

認識の抽象度を上げるとは、意図的にチャンクアップして思考することである。これによって、1回の思考で扱う潜在的な情報量を増やせる。当然、思考のスピードもアップする。

多くの問題には、それぞれ解決に適切なチャンクがある。よって、「視点を固定せずにうまく動かせるか」は問題解決に不可欠な知性といっていい。

> **認識の抽象度の非対称性**：高い視点から問題を認識できる人は、低い視点に移動することもできる。逆に、低い視点からしか問題を認識できない人は、高い視点を想像することすらできない。

図 1.1 は、代数の一連の等式をチャンクアップして解釈する例を示す。

第2章　内積と外積

2.1　ベクトルの大きさ

ベクトルの**大きさ**（長さ）

行ベクトル $\boldsymbol{a} = (a_1, \ldots, a_n)$ の大きさを

$$|\boldsymbol{a}| = \sqrt{a_1^2 + \cdots + a_n^2}$$

で定める。列ベクトルについても同様とする。

例えば、

$$|(1,2,3)| = \sqrt{1^2 + 2^2 + 3^2} = \sqrt{14}, \qquad \left|\begin{pmatrix} 1 \\ 2 \\ 3 \end{pmatrix}\right| = \sqrt{1^2 + 2^2 + 3^2} = \sqrt{14}.$$

繰り返しになるが、

$$|\boldsymbol{a}| = \sqrt{a_1^2 + \cdots + a_n^2}$$

であり、$|\boldsymbol{a}|^2$ は $\sqrt{\quad}$ のない

$$a_1^2 + \cdots + a_n^2$$

である。慣れてくると両者を混乱しやすいので注意が必要だ。

大きさの性質

任意のベクトル $\boldsymbol{a} = (a_1, \ldots, a_n)$ とスカラー c に対して次のことが成り立つ。

$$
\begin{aligned}
&|\boldsymbol{a}| \geq 0, \\
&|\boldsymbol{0}| = 0, \\
&\boldsymbol{a} = \boldsymbol{0} \iff |\boldsymbol{a}| = 0, \\
&|c\boldsymbol{a}| = |c||\boldsymbol{a}|.
\end{aligned}
$$

例題 6. $|c\boldsymbol{a}| = |c||\boldsymbol{a}|$ を確かめよ。

▶ 解　$\boldsymbol{a} = (a_1, \ldots, a_n)$ とする。

$$|c\boldsymbol{a}| = \sqrt{\sum_{i=1}^{n}(ca_i)^2} = \sqrt{c^2\sum_{i=1}^{n}a_i^2} = \sqrt{c^2}\sqrt{\sum_{i=1}^{n}a_i^2} = |c||\boldsymbol{a}|.$$

$|\boldsymbol{b} - \boldsymbol{a}|$ はベクトル $\boldsymbol{a}$ と $\boldsymbol{b}$ との**距離**である。特に、$|\boldsymbol{a}| = |\boldsymbol{a} - \boldsymbol{0}|$ は原点と $\boldsymbol{a}$ の距離を表す。

2.2 単位ベクトル

大きさが1のベクトルを**単位ベクトル**（**正規ベクトル**）と呼ぶ。ゼロでないベクトルを自身の大きさで割ると同じ向きの単位ベクトルを構成できる：

$$つまり、\frac{\boldsymbol{a}}{|\boldsymbol{a}|} は単位ベクトル。$$

例えば、$\boldsymbol{a} = (1, 2, 3)$ ならば

$$|\boldsymbol{a}| = \sqrt{1^2 + 2^2 + 3^2} = \sqrt{14}$$

なので、$\dfrac{(1,2,3)}{\sqrt{14}}$ は $\boldsymbol{a}$ と同じ向きの単位ベクトル。もう1つ、$-\dfrac{(1,2,3)}{\sqrt{14}}$ も同様である。

2.3 内積

ベクトルの内積

同じ次元のベクトル $\boldsymbol{a}=(a_1,\ldots,a_n)$, $\boldsymbol{b}=(b_1,\ldots,b_n)$ に対してスカラー

$$(\boldsymbol{a},\boldsymbol{b})=a_1b_1+\cdots+a_nb_n$$

を $\boldsymbol{a}$ と $\boldsymbol{b}$ の**内積**という。

内積の記号は、文献によって異なる。典型的なものでは、$(\boldsymbol{a},\boldsymbol{b})$ の他に

$\boldsymbol{a}\cdot\boldsymbol{b}, \langle\boldsymbol{a},\boldsymbol{b}\rangle, (\boldsymbol{a}|\boldsymbol{b})$　などがある。

また、名称も「内積」の代わりに「スカラー積」と呼ぶことがあるので注意が必要だ。同じコンセプトに名前が2つ以上あるのはややこしい。

内積の性質

$$(\boldsymbol{a},\boldsymbol{b})=(\boldsymbol{b},\boldsymbol{a}) \quad \text{(交換法則、対称性)}$$
$$(\boldsymbol{a}+\boldsymbol{b},\boldsymbol{c})=(\boldsymbol{a},\boldsymbol{c})+(\boldsymbol{b},\boldsymbol{c}) \quad \text{(分配法則、線形性)}$$
$$(\boldsymbol{a},\boldsymbol{b}+\boldsymbol{c})=(\boldsymbol{a},\boldsymbol{b})+(\boldsymbol{a},\boldsymbol{c}) \quad \text{(分配法則、線形性)}$$
$$\alpha(\boldsymbol{a},\boldsymbol{b})=(\alpha\boldsymbol{a},\boldsymbol{b})=(\boldsymbol{a},\alpha\boldsymbol{b}) \quad \text{(スカラーの移動、線形性)}$$
$$(\boldsymbol{0},\boldsymbol{a})=(\boldsymbol{a},\boldsymbol{0})=0. \quad \text{(ゼロベクトルの性質)}$$

内積の正定値性：

すべてのベクトル $\boldsymbol{a}$ に対して $(\boldsymbol{a},\boldsymbol{a})\geq 0.$

特に、$(\boldsymbol{a},\boldsymbol{a})=0 \iff \boldsymbol{a}=\boldsymbol{0}$ である。“0” という数字の特殊性がベクトルになっても残っていることがわかるだろう。

内積と大きさの関係：$|\boldsymbol{a}|=\sqrt{(\boldsymbol{a},\boldsymbol{a})}$ (あるいは $|\boldsymbol{a}|^2=(\boldsymbol{a},\boldsymbol{a})$) である。

例題 7. $\boldsymbol{a}=(3,-1,2),\boldsymbol{b}=(1,2,0)$ のとき次の値を求めよ。

[1] $|\boldsymbol{a}|$

[2] $(\boldsymbol{b},\boldsymbol{b})$

[3] $(\boldsymbol{a}, \boldsymbol{b})$

[4] $(2\boldsymbol{a}+\boldsymbol{b}, -3\boldsymbol{a}+\boldsymbol{b})$

▶ 解

[1] $|\boldsymbol{a}| = \sqrt{3^2+(-1)^2+2^2} = \sqrt{14}$.

[2] $(\boldsymbol{b}, \boldsymbol{b}) = 1^2+2^2+0^2 = 5$.

[3] $(\boldsymbol{a}, \boldsymbol{b}) = 3-2+0 = 1$.

[4] $(2\boldsymbol{a}+\boldsymbol{b}, -3\boldsymbol{a}+\boldsymbol{b}) = -6(\boldsymbol{a}, \boldsymbol{a}) + 2(\boldsymbol{a}, \boldsymbol{b}) - 3(\boldsymbol{b}, \boldsymbol{a}) + (\boldsymbol{b}, \boldsymbol{b}) = -80$.

例題 8. 内積の交換法則 $(\boldsymbol{a}, \boldsymbol{b}) = (\boldsymbol{b}, \boldsymbol{a})$ を確かめよ。

▶ 解　$\boldsymbol{a} = (a_1, \ldots, a_n), \boldsymbol{b} = (b_1, \ldots, b_n)$ とおく。

$$(\boldsymbol{a}, \boldsymbol{b}) = \sum_{i=1}^{n} a_i b_i = \sum_{i=1}^{n} b_i a_i = (\boldsymbol{b}, \boldsymbol{a}).$$

例題 9. 内積の分配法則 $(\boldsymbol{a}+\boldsymbol{b}, \boldsymbol{c}) = (\boldsymbol{a}, \boldsymbol{c}) + (\boldsymbol{b}, \boldsymbol{c})$ を確かめよ。

▶ 解　$\boldsymbol{a} = (a_1, \ldots, a_n), \boldsymbol{b} = (b_1, \ldots, b_n), \boldsymbol{c} = (c_1, \ldots, c_n)$ とおく。

$$\begin{aligned}(\boldsymbol{a}+\boldsymbol{b}, \boldsymbol{c}) &= \sum_{i=1}^{n}(a_i+b_i)c_i = \sum_{i=1}^{n}(a_i c_i + b_i c_i) \\ &= \sum_{i=1}^{n} a_i c_i + \sum_{i=1}^{n} b_i c_i = (\boldsymbol{a}, \boldsymbol{c}) + (\boldsymbol{b}, \boldsymbol{c}).\end{aligned}$$

2.4　コーシー・シュワルツの不等式

内積と大きさの間には重要な関係式がある。

> **コーシー・シュワルツの不等式**
>
> すべての n 次元ベクトル $\boldsymbol{x}, \boldsymbol{y}$ に対して
>
> $|(\boldsymbol{x}, \boldsymbol{y})| \leq |\boldsymbol{x}||\boldsymbol{y}|$　が成り立つ。

証明. 内積の正定値性から、すべての実数 t に対して

$$0 \leq |t\boldsymbol{x}+\boldsymbol{y}|^2 = (t\boldsymbol{x}+y, t\boldsymbol{x}+\boldsymbol{y}) = t^2(\boldsymbol{x},\boldsymbol{x}) + t(\boldsymbol{x},\boldsymbol{y}) + t(\boldsymbol{y},\boldsymbol{x}) + (\boldsymbol{y},\boldsymbol{y})$$

が成り立つ。この式を t について整理すると、

$$|\boldsymbol{x}|^2\,t^2 + 2(\boldsymbol{x},\boldsymbol{y})\,t + |\boldsymbol{y}|^2.$$

これがすべての t について非負であるから、2 次式の判別式は非正の値をとる。よって

$$(2(\boldsymbol{x},\boldsymbol{y}))^2 - 4|\boldsymbol{x}|^2|\boldsymbol{y}^2| \leq 0.$$

$|(\boldsymbol{x},\boldsymbol{y})| \geq 0, |\boldsymbol{x}||\boldsymbol{y}| \geq 0$ なので整理して 4 で割り平方根をとると

$$|(\boldsymbol{x},\boldsymbol{y})| \leq |\boldsymbol{x}||\boldsymbol{y}|$$

を得る。 □

2.5　ベクトルのなす角

コーシー・シュワルツの不等式によると、両方とも $\boldsymbol{0}$ でない $\boldsymbol{x},\boldsymbol{y}$ に対して

$$-1 \leq \frac{(\boldsymbol{x},\boldsymbol{y})}{|\boldsymbol{x}||\boldsymbol{y}|} \leq 1$$

なので、$\cos\theta = \dfrac{(\boldsymbol{x},\boldsymbol{y})}{|\boldsymbol{x}||\boldsymbol{y}|}$ をみたす θ $(0 \leq \theta \leq \pi)$ がただ 1 つ存在する。θ を $\boldsymbol{x}$ と $\boldsymbol{y}$ の**なす角**と呼ぶ（※ $\boldsymbol{x},\boldsymbol{y}$ の少なくとも一方が $\boldsymbol{0}$ のときは、なす角は定めない）。

例題 10. $\boldsymbol{x} = (1,0,2,2,3), \boldsymbol{y} = (1,3,0,1,5)$ のなす角 θ $(0 \leq \theta \leq \pi)$ を求めよ。

▶ 解　$|\boldsymbol{x}| = 3\sqrt{2}, |\boldsymbol{y}| = 6, (\boldsymbol{x},\boldsymbol{y}) = 18$ より、

$$\cos\theta = \frac{(\boldsymbol{x},\boldsymbol{y})}{|\boldsymbol{x}||\boldsymbol{y}|} = \frac{1}{\sqrt{2}}.$$

よって、$\theta = \dfrac{\pi}{4}$.

例題 11. $(\boldsymbol{x},\boldsymbol{y}) = 0$ のときベクトル $\boldsymbol{x}$ と $\boldsymbol{y}$ は**直交する**という。$|\boldsymbol{x}| = |\boldsymbol{y}|$ ならば $\boldsymbol{x}+\boldsymbol{y}$ と $\boldsymbol{x}-\boldsymbol{y}$ は直交することを示せ。

▶ 解

$$\begin{aligned}(\boldsymbol{x}+\boldsymbol{y},\boldsymbol{x}-\boldsymbol{y}) &= (\boldsymbol{x},\boldsymbol{x}) - (\boldsymbol{x},\boldsymbol{y}) + (\boldsymbol{y},\boldsymbol{x}) - (\boldsymbol{y},\boldsymbol{y}) \\ &= |\boldsymbol{x}|^2 - |\boldsymbol{y}|^2 = 0.\end{aligned}$$

図 2.1: 外積と直交

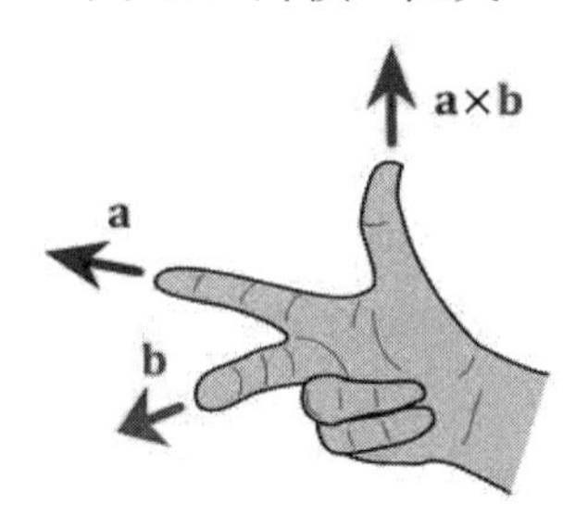

2.6 外積

3次元ベクトル $\boldsymbol{a} = (a_1, a_2, a_3)$, $\boldsymbol{b} = (b_1, b_2, b_3)$ の**外積**を

$$\boldsymbol{a} \times \boldsymbol{b} = (a_2b_3 - a_3b_2, a_3b_1 - a_1b_3, a_1b_2 - a_2b_1) \qquad (*)$$

で定める。

例えば、$\boldsymbol{e}_1 = (1, 0, 0), \boldsymbol{e}_2 = (0, 1, 0), \boldsymbol{e}_3 = (0, 0, 1)$ とおくと、

$$\begin{aligned}
\boldsymbol{e}_1 \times \boldsymbol{e}_2 &= (0 - 0, 0 - 0, 1 - 0) = \boldsymbol{e}_3 \\
\boldsymbol{e}_2 \times \boldsymbol{e}_3 &= (1 - 0, 0 - 0, 0 - 0) = \boldsymbol{e}_1 \\
\boldsymbol{e}_3 \times \boldsymbol{e}_1 &= (0 - 0, 1 - 0, 0 - 0) = \boldsymbol{e}_2
\end{aligned}$$

のように直交する3つのベクトルが循環的に出て来る。

例題 12. $\boldsymbol{a} \times \boldsymbol{b}$ は $\boldsymbol{a}$ と $\boldsymbol{b}$ の両方に直交することを示せ。

► 解　内積をとって確かめる。

$$\begin{aligned}
(\boldsymbol{a} \times \boldsymbol{b}, \boldsymbol{a}) &= (a_2b_3 - a_3b_2)a_1 + (a_3b_1 - a_1b_3)a_2 + (a_1b_2 - a_2b_1)a_3 = 0, \\
(\boldsymbol{a} \times \boldsymbol{b}, \boldsymbol{b}) &= (a_2b_3 - a_3b_2)b_1 + (a_3b_1 - a_1b_3)b_2 + (a_1b_2 - a_2b_1)b_3 = 0
\end{aligned}$$

である。

外積は、他にもいろいろな性質を持つ。

外積の性質

[1] $\boldsymbol{a} \times \boldsymbol{0} = \boldsymbol{0}$ が成り立つ。($\boldsymbol{0} = (0,0,0)$)

[2] 直交性：$(\boldsymbol{a}, \boldsymbol{a} \times \boldsymbol{b}) = (\boldsymbol{b}, \boldsymbol{a} \times \boldsymbol{b}) = 0.$

[3] べき零性：$\boldsymbol{a} \times \boldsymbol{a} = \boldsymbol{0}.$

[4] 反交換性：$\boldsymbol{a} \times \boldsymbol{b} = -\boldsymbol{b} \times \boldsymbol{a}.$

[5] 結合性：$(\alpha \boldsymbol{a}) \times \boldsymbol{b} = \boldsymbol{a} \times (\alpha \boldsymbol{b}) = \alpha(\boldsymbol{a} \times \boldsymbol{b}).$

[6] 分配法則：$\boldsymbol{a} \times (\boldsymbol{b} + \boldsymbol{c}) = \boldsymbol{a} \times \boldsymbol{b} + \boldsymbol{a} \times \boldsymbol{c}.$

例題 13. $\boldsymbol{a} = (1,2,3), \boldsymbol{b} = (4,5,6)$ とする。$\boldsymbol{a}, \boldsymbol{b}$ の両方に直交し、長さが 1 のベクトル $\boldsymbol{x}$ を求めよ。

▶ 解　$\boldsymbol{x} = (x,y,z)$ とする。連立方程式

$$\begin{aligned} (\boldsymbol{a}, \boldsymbol{x}) = 0 &\iff x + 2y + 3z = 0 \\ (\boldsymbol{b}, \boldsymbol{x}) = 0 &\iff 4x + 5y + 6z = 0 \\ |\boldsymbol{x}| = 1 &\iff \sqrt{x^2 + y^2 + z^2} = 1 \end{aligned}$$

を解くと $x = \pm\frac{-1}{\sqrt{6}}, y = \pm\frac{2}{\sqrt{6}}, z = \pm\frac{-1}{\sqrt{6}}$ なので

$$\boldsymbol{x} = \pm\frac{1}{\sqrt{6}}(-1,2,-1).$$

別解：まず外積 $\boldsymbol{a} \times \boldsymbol{b}$（$\boldsymbol{a}, \boldsymbol{b}$ 両方に直交するベクトル）を計算して、そのあと正規化すればよい。

$$\boldsymbol{a} \times \boldsymbol{b} = (-3,6,-3),$$

$$|\boldsymbol{a} \times \boldsymbol{b}| = \sqrt{(-3)^2 + 6^2 + (-3)^2} = \sqrt{54}$$

より、$\boldsymbol{x} = \pm\frac{1}{\sqrt{54}}(-3,6,-3) = \pm\frac{1}{\sqrt{6}}(-1,2,-1)$ が求めるベクトルである。

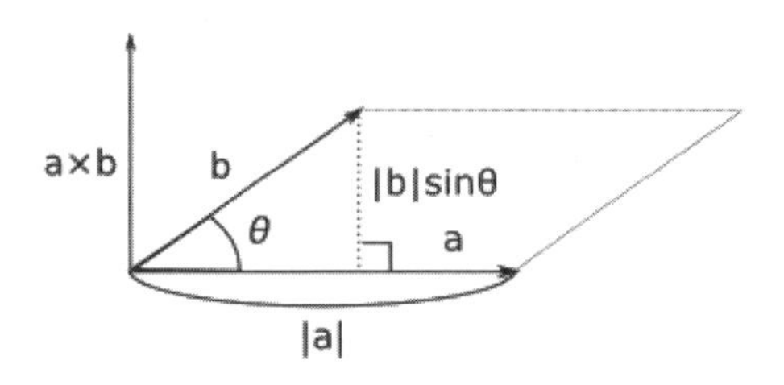

図 2.2: 外積と平行四辺形

2.7 外積と平行四辺形

$\boldsymbol{a}, \boldsymbol{b}$ を 3 次元のベクトルとする。$\mathbf{R}^3$ （=xyz 空間）の部分集合

$$P(\boldsymbol{a}, \boldsymbol{b}) = \{\alpha \boldsymbol{a} + \beta \boldsymbol{b} \mid 0 \leq \alpha, \beta \leq 1\}$$

は、$\boldsymbol{a}, \boldsymbol{b}$ を 2 辺とする広義の平行四辺形である（広義の、というのは $\boldsymbol{a}, \boldsymbol{b}$ のチョイスによっては線分になったり一点になることがあるのでこう呼ぶ）。$\boldsymbol{a}, \boldsymbol{b} \neq \mathbf{0}$ と仮定して、θ を $\boldsymbol{a}, \boldsymbol{b}$ のなす角 $(0 \leq \theta \leq \pi)$ とおく。

$(\boldsymbol{a}, \boldsymbol{b}) = |\boldsymbol{a}||\boldsymbol{b}| \cos\theta$ に似た等式：

$$|\boldsymbol{a} \times \boldsymbol{b}| = |\boldsymbol{a}||\boldsymbol{b}| \sin\theta$$ が成り立つ。

特に、$|\boldsymbol{a} \times \boldsymbol{b}| = 0 \iff \theta = 0, \pi.$

証明. $|\boldsymbol{a} \times \boldsymbol{b}| \geq 0$, $|\boldsymbol{a}||\boldsymbol{b}| \sin\theta \geq 0$ $(0 \leq \theta \leq \pi)$ より両辺を平方して比べる。

$$\begin{aligned}
|\boldsymbol{a} \times \boldsymbol{b}|^2 &= (a_2b_3 - a_3b_2)^2 + (a_1b_3 - a_3b_1)^2 + (a_1b_2 - a_2b_1)^2 \\
&= a_2^2b_3^2 + a_3^2b_2^2 + a_1^2b_3^2 + a_3^2b_1^2 + a_1^2b_2^2 + a_2^2b_1^2 \\
&\quad - 2(a_2a_3b_2b_3 + a_1a_3b_1b_3 + a_1a_2b_1b_2).
\end{aligned}$$

一方で、

$$\begin{aligned}
|\boldsymbol{a}|^2|\boldsymbol{b}|^2 \sin^2\theta &= |\boldsymbol{a}|^2|\boldsymbol{b}|^2(1 - \cos^2\theta) = |\boldsymbol{a}|^2|\boldsymbol{b}|^2 - (\boldsymbol{a}, \boldsymbol{b})^2 \\
&= (a_1^2 + a_2^2 + a_3^2)(b_1^2 + b_2^2 + b_3^2) - (a_1b_1 + a_2b_2 + a_3b_3)^2 \\
&= a_1^2b_2^2 + a_1^2b_3^2 + a_2^2b_1^2 + a_2^2b_3^2 + a_3^2b_1^2 + a_3^2b_2^2 \\
&\quad - 2(a_1a_2b_1b_2 + a_2a_3b_2b_3 + a_1a_3b_1b_3).
\end{aligned}$$

□

系：$|\boldsymbol{a} \times \boldsymbol{b}|$ は $\boldsymbol{a}, \boldsymbol{b}$ を 2 辺とする平行四辺形の面積に等しい。

2.8　演習問題

問題 7. $\boldsymbol{a} = (1,0,2), \boldsymbol{b} = (-1,\sqrt{10},3)$ とおく。

[1] $|\boldsymbol{a}|$ を計算せよ。

[2] $(5\boldsymbol{a},\boldsymbol{b}) + (\boldsymbol{b},-4\boldsymbol{a})$ を計算せよ。

[3] コーシー・シュワルツの不等式が成り立つことを確かめよ。

[4] $\boldsymbol{a}$ と $\boldsymbol{b}$ のなす角 θ $(0 \leq \theta \leq \pi)$ を求めよ。

問題 8. $\boldsymbol{a} = (1,a+1,3), \boldsymbol{b} = (-1,2,1)$ とおく。$\boldsymbol{a},\boldsymbol{b}$ が直交するように a の値を定めよ。

問題 9. $A(2,1,-2)$ から直線 $(x-1)/2 = y = z+2$ への距離を求めよ。また、その距離を実現する直線上の点を求めよ。

問題 10.

[1] $\boldsymbol{a} = (1,5,3), \boldsymbol{b} = (2,-1,0)$ とおく。計算せよ。

$$\boldsymbol{a} \times \boldsymbol{b}$$

$$(3\boldsymbol{a}+\boldsymbol{b}) \times \boldsymbol{b} + \boldsymbol{b} \times (2\boldsymbol{a}+\boldsymbol{b})$$

[2] $\boldsymbol{a} = (a_1,a_2,a_3), \boldsymbol{b} = (b_1,b_2,b_3)$ とする。次の等式を確かめよ。

$$\boldsymbol{b} \times \boldsymbol{a} = -\boldsymbol{a} \times \boldsymbol{b}, \quad \boldsymbol{a} \times \boldsymbol{a} = \boldsymbol{0}.$$

問題 11 (内積と外積の関係式). ベクトル

$$\boldsymbol{a}_1 = \begin{pmatrix} a_{11} \\ a_{21} \\ a_{31} \end{pmatrix}, \boldsymbol{a}_2 = \begin{pmatrix} a_{12} \\ a_{22} \\ a_{32} \end{pmatrix}, \boldsymbol{a}_3 = \begin{pmatrix} a_{13} \\ a_{23} \\ a_{33} \end{pmatrix} \quad \text{を考える。}$$

$(\boldsymbol{a}_1 \times \boldsymbol{a}_2, \boldsymbol{a}_3)$ と $(\boldsymbol{a}_1, \boldsymbol{a}_2 \times \boldsymbol{a}_3)$ をそれぞれ計算し、比較せよ。

問題 12. 外積に関する**ヤコビの公式**

$$(\boldsymbol{a} \times \boldsymbol{b}) \times \boldsymbol{c} + (\boldsymbol{b} \times \boldsymbol{c}) \times \boldsymbol{a} + (\boldsymbol{c} \times \boldsymbol{a}) \times \boldsymbol{b} = \boldsymbol{0}$$

を示せ。

2.9 演習問題解答

解答 7. [1] $|\boldsymbol{a}| = \sqrt{5}$.

[2] $(\boldsymbol{a}, \boldsymbol{b}) = 5$.

[3] $|(\boldsymbol{a}, \boldsymbol{b})| = 5$, $|\boldsymbol{a}| = \sqrt{5}, |\boldsymbol{b}| = 2\sqrt{5}$ より

$$|(\boldsymbol{a}, \boldsymbol{b})| = 5 < 10 = |\boldsymbol{a}||\boldsymbol{b}|.$$

[4] $\cos\theta = \dfrac{(\boldsymbol{a}, \boldsymbol{b})}{|\boldsymbol{a}||\boldsymbol{b}|} = \dfrac{1}{2} \Longrightarrow \theta = \dfrac{\pi}{3}$.

解答 8. $(\boldsymbol{a}, \boldsymbol{b}) = 0$ となるように a を定めればよい。

$$(\boldsymbol{a}, \boldsymbol{b}) = -1 + 2(a+1) + 3 = 2a + 4$$

であるから、$a = -2$.

解答 9. 直線上の点を

$$P = (x, y, z) = (2t+1, t, t-2), \qquad (t \text{ は実数})$$

と表そう。直線の方向ベクトルは $(2,1,1)$ である。したがって、AP が最小 $\Longleftrightarrow$ 方向ベクトルと AP が垂直 $\Longleftrightarrow$ $(2,1,1)$ と $(2t-1, t-1, t)$ の内積が $0 \Longleftrightarrow$ $t = 1/2$.

よって、$P = (2, 1/2, -3/2)$, $AP = \sqrt{2}/2$.

解答 10. [1] $\boldsymbol{a} \times \boldsymbol{b} = (5\times 0 - 3\times(-1), 3\times 2 - 1\times 0, 1\times(-1) - 5\times 2) = (3, 6, -11)$.
続いて、$3\boldsymbol{a} + \boldsymbol{b}$ や $2\boldsymbol{a} + \boldsymbol{b}$ を計算してもよいが、外積の計算法則をいくつか用いると

$$(3\boldsymbol{a} + \boldsymbol{b}) \times \boldsymbol{b} = (3\boldsymbol{a}) \times \boldsymbol{b} + \underbrace{\boldsymbol{b} \times \boldsymbol{b}}_{\boldsymbol{0}} = 3(\boldsymbol{a} \times \boldsymbol{b}),$$

$$\boldsymbol{b} \times (2\boldsymbol{a} + \boldsymbol{b}) = \boldsymbol{b} \times (2\boldsymbol{a}) + \underbrace{\boldsymbol{b} \times \boldsymbol{b}}_{\boldsymbol{0}} = 2(\boldsymbol{b} \times \boldsymbol{a}) = -2(\boldsymbol{a} \times \boldsymbol{b})$$

なので、答えはやっぱり $\boldsymbol{a} \times \boldsymbol{b} = (3, 6, -11)$.

[2] 最初の等式は、丁寧に成分を計算すれば示せる：

$$\begin{aligned} \boldsymbol{b} \times \boldsymbol{a} &= (b_2a_3 - b_3a_2, b_3a_1 - b_1a_3, b_1a_2 - b_2a_1) \\ &= -(a_2b_3 - a_3b_2, a_3b_1 - a_1b_3, a_1b_2 - a_2b_1) \\ &= -\boldsymbol{a} \times \boldsymbol{b}. \end{aligned}$$

この等式 $\boldsymbol{b} \times \boldsymbol{a} = -\boldsymbol{a} \times \boldsymbol{b}$ において $\boldsymbol{b} = \boldsymbol{a}$ とすると、$\boldsymbol{a} \times \boldsymbol{a} = -\boldsymbol{a} \times \boldsymbol{a}$, つまり $2(\boldsymbol{a} \times \boldsymbol{a}) = \boldsymbol{0}$ を得る。両辺を 2 で割れば $\boldsymbol{a} \times \boldsymbol{a} = \boldsymbol{0}$.

解答 11. いずれも

$$a_{11}a_{22}a_{33} - a_{11}a_{23}a_{32} + a_{12}a_{23}a_{31} - a_{12}a_{21}a_{33} + a_{13}a_{21}a_{32} - a_{13}a_{22}a_{31}$$

になる。

解答 12. $\boldsymbol{a} = (a_1, a_2, a_3), \boldsymbol{b} = (b_1, b_2, b_3), \boldsymbol{c} = (c_1, c_2, c_3)$ とおく。左辺の第 1 成分を計算しよう。

$$\boldsymbol{a} \times \boldsymbol{b} = (a_2b_3 - a_3b_2, a_3b_1 - a_1b_3, a_1b_2 - a_2b_1)$$

より、$(\boldsymbol{a} \times \boldsymbol{b}) \times \boldsymbol{c}$ の第 1 成分は

$$(a_3b_1 - a_1b_3)c_1 - (a_2b_3 - a_3b_2)c_3.$$

$a \to b, b \to c, c \to a$ の置き換えにより、$(\boldsymbol{b} \times \boldsymbol{c}) \times \boldsymbol{a}$ の第 1 成分は

$$(b_3c_1 - b_1c_3)a_1 - (b_2c_3 - b_3c_2)a_3,$$

$(\boldsymbol{c} \times \boldsymbol{a}) \times \boldsymbol{b}$ の第 1 成分は

$$(c_3a_1 - c_1a_3)b_1 - (c_2a_3 - c_3a_2)b_3.$$

これら 3 つの項の和をとるとちょうど 0 になる。第 2、第 3 成分については $1 \to 2, 2 \to 3, 3 \to 1$ の添字の置き換えをすればよい。

第3章　諸定理

3.1　三角不等式

三角不等式

すべての n 次元ベクトル $\boldsymbol{a}, \boldsymbol{b}$ に対して、不等式

$|\boldsymbol{a}+\boldsymbol{b}| \leq |\boldsymbol{a}| + |\boldsymbol{b}|$　が成り立つ。

要するに、平面上の三角形の 2 辺の長さの和は第 3 辺の長さ以上である。

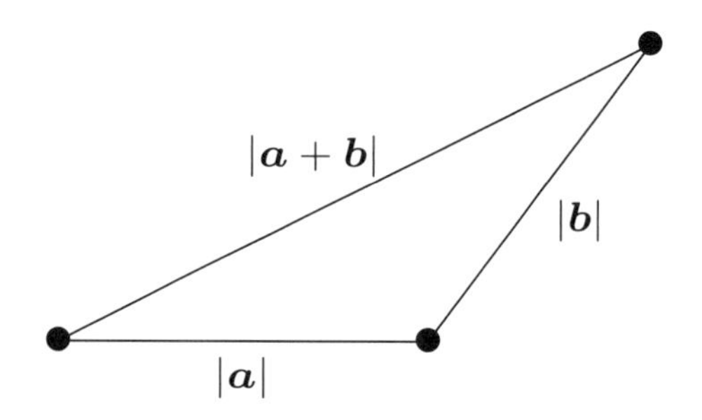

証明：両辺は非負の実数なので、二乗して比べてもよい。絶対値の性質 $(\boldsymbol{a}, \boldsymbol{b}) \leq |(\boldsymbol{a}, \boldsymbol{b})|$ とコーシー・シュワルツの不等式 $|(\boldsymbol{a}, \boldsymbol{b})| \leq |\boldsymbol{a}||\boldsymbol{b}|$ を用いると、

$$
\begin{aligned}
&(|\boldsymbol{a}|+|\boldsymbol{b}|)^2 - |\boldsymbol{a}+\boldsymbol{b}|^2 \\
&= (|\boldsymbol{a}|^2 + 2|\boldsymbol{a}||\boldsymbol{b}| + |\boldsymbol{b}|^2) - (|\boldsymbol{a}|^2 + 2(\boldsymbol{a}, \boldsymbol{b}) + |\boldsymbol{b}|^2) \\
&= 2(|\boldsymbol{a}||\boldsymbol{b}| - (\boldsymbol{a}, \boldsymbol{b})) \\
&\geq 2(|\boldsymbol{a}||\boldsymbol{b}| - |(\boldsymbol{a}, \boldsymbol{b})|) \geq 0.
\end{aligned}
$$

特に、等号が成り立つのは $|\boldsymbol{a}||\boldsymbol{b}| = |(\boldsymbol{a}, \boldsymbol{b})|$ のとき（コーシー・シュワルツで等号が成り立つとき）に限る。

例題 14. $\boldsymbol{a} = (1, 0, 2), \boldsymbol{b} = (-1, \sqrt{10}, 3)$ の間に三角不等式が成り立つことを示せ。

▶ 解　まず、$|\boldsymbol{a}+\boldsymbol{b}|=\sqrt{0^2+10+5^2}=\sqrt{35}$ である。一方で、$|\boldsymbol{a}|=\sqrt{5}$, $|\boldsymbol{b}|=2\sqrt{5}$ であるから、三角不等式

$$|\boldsymbol{a}+\boldsymbol{b}|=\sqrt{35}<\sqrt{45}=3\sqrt{5}=|\boldsymbol{a}|+|\boldsymbol{b}|$$

が成り立つ。

3.2　一次独立性

以下、本章では、特に断らないかぎり $\boldsymbol{a}_1,\ldots,\boldsymbol{a}_n$ などを同じ型のベクトルとする。各 λ_k を実数として、

$$\lambda_1\boldsymbol{a}_1+\lambda_2\boldsymbol{a}_2+\cdots+\lambda_n\boldsymbol{a}_n$$

の形のベクトルを $\boldsymbol{a}_1,\boldsymbol{a}_2,\cdots,\boldsymbol{a}_n$ の**一次結合**という。※ギリシャ文字 "λ" は「ラムダ」と読む。

ベクトル $\boldsymbol{x}$ と $\boldsymbol{a}_1,\ldots,\boldsymbol{a}_n$ に対して

$$\boldsymbol{x}=\lambda_1\boldsymbol{a}_1+\lambda_2\boldsymbol{a}_2+\cdots+\lambda_n\boldsymbol{a}_n$$

となるような $(\lambda_1,\ldots,\lambda_n)$ が複数（無限個）存在する場合もあるし、まったく存在しない場合もある。

例題 15. $\boldsymbol{a}_1=(1,-3),\boldsymbol{a}_2=(-2,6)$ とする。可能なら次のベクトルを $\boldsymbol{a}_1,\boldsymbol{a}_2$ の一次結合で表せ。

[1] $(0,0)$

[2] $\boldsymbol{a}_1$

[3] $(5,-15)$

[4] $(1,0)$

▶ 解

[1] $(0,0)=0\boldsymbol{a}_1+0\boldsymbol{a}_2.$

[2] $\boldsymbol{a}_1=1\boldsymbol{a}_1+0\boldsymbol{a}_2.$

[3] $(5,-15)=5\boldsymbol{a}_1+0\boldsymbol{a}_2=0\boldsymbol{a}_1-\dfrac{5}{2}\boldsymbol{a}_2=\boldsymbol{a}_1-2\boldsymbol{a}_2$ など複数ある。

[4] $\lambda_1 \boldsymbol{a}_1 + \lambda_2 \boldsymbol{a}_2 = (1, 0)$ と仮定すると、連立方程式

$$\begin{cases} \lambda_1 & -2\lambda_2 & = 1 \\ -3\lambda_1 & +6\lambda_2 & = 0 \end{cases}$$

が成り立つ。しかしこれを満たす λ_1, λ_2 は存在しないから、$(1, 0)$ を $\boldsymbol{a}_1, \boldsymbol{a}_2$ の一次結合で表すことはできない。

$\lambda_1 \boldsymbol{a}_1 + \cdots + \lambda_n \boldsymbol{a}_n = \boldsymbol{0}$ ($\lambda_1, \ldots, \lambda_n$ は実数) ならば

$$\lambda_1 = \cdots = \lambda_n = 0$$

が成り立つとき、ベクトルの列 $\boldsymbol{a}_1, \ldots, \boldsymbol{a}_n$ は**一次独立**であるという。そうでないときは**一次従属**であるという。一次独立性の判定は、次の手順で行う。

[1] $\lambda_1 \boldsymbol{a}_1 + \cdots + \lambda_n \boldsymbol{a}_n = \boldsymbol{0}$ と仮定して、これを $\lambda_1, \ldots, \lambda_n$ についての連立方程式とみなす。

[2] この連立方程式に $\lambda_1 = \cdots = \lambda_n = 0$ 以外の解が存在するかどうか考える。

なお、一般の連立一次方程式の解き方、解の存在の判定はあとで学ぶ。ここでは簡単なケースのみを扱う。

例題 16. $\boldsymbol{a}_1 = (1, 2), \boldsymbol{a}_2 = (-1, 3)$ が一次独立どうか判定せよ。

▶ 解　一次独立性の判定のために

$$\lambda_1 \boldsymbol{a}_1 + \lambda_2 \boldsymbol{a}_2 = \boldsymbol{0}$$

と仮定すると、連立方程式

$$\begin{cases} \lambda_1 & - \lambda_2 & = 0 \\ 2\lambda_1 & +3\lambda_2 & = 0 \end{cases}$$

が成り立つ。これを解くと、$\lambda_1 = \lambda_2 = 0$. よって $\boldsymbol{a}_1, \boldsymbol{a}_2$ は一次独立である。

例題 17. $\boldsymbol{b}_1 = (1, 2), \boldsymbol{b}_2 = (2, 4)$ が一次独立どうか判定せよ。

▶ 解　同様にして、

$$\lambda_1 \boldsymbol{b}_1 + \lambda_2 \boldsymbol{b}_2 = \boldsymbol{0}$$

と仮定すると、連立方程式

$$\begin{cases} \lambda_1 & +2\lambda_2 & =0 \\ 2\lambda_1 & +4\lambda_2 & =0 \end{cases}$$

が成り立つ。これは $\lambda_1 = 0, \lambda_2 = 0$ 以外の解 $\lambda_1 = -2, \lambda_2 = 1$ をもつ（つまり、等式 $-2\boldsymbol{b}_1 + \boldsymbol{b}_2 = 0$ が成り立つ）から、$\boldsymbol{b}_1, \boldsymbol{b}_2$ は一次従属である。

例題 18. 直交性と一次独立性に関する次の事実を証明せよ。

> $\boldsymbol{a}_1, \boldsymbol{a}_2, \ldots, \boldsymbol{a}_n$ をベクトルとする。$\boldsymbol{a}_i \neq \boldsymbol{0}, (\boldsymbol{a}_i, \boldsymbol{a}_j) = 0$ がすべての $i \neq j$ となる i, j について成り立つならば $\boldsymbol{a}_1, \boldsymbol{a}_2, \ldots, \boldsymbol{a}_n$ は一次独立である。

▶ 解　証明：一次独立性を示すため、

$$\lambda_1 \boldsymbol{a}_1 + \cdots + \lambda_n \boldsymbol{a}_n = \boldsymbol{0} \quad (\lambda_i \text{ は実数})$$

と仮定する。両辺と $\boldsymbol{a}_j$ の内積をとると、

$$\lambda_1(\boldsymbol{a}_1, \boldsymbol{a}_j) + \cdots + \lambda_n(\boldsymbol{a}_n, \boldsymbol{a}_j) = (\boldsymbol{0}, \boldsymbol{a}_j) = 0.$$

ここで、$(\boldsymbol{a}_i, \boldsymbol{a}_j) = 0 \ (i \neq j)$ より、上の等式は

$$\lambda_j(\boldsymbol{a}_j, \boldsymbol{a}_j) = 0.$$

さらに、$\boldsymbol{a}_j \neq \boldsymbol{0}$ より $(\boldsymbol{a}_j, \boldsymbol{a}_j) \neq 0$ なので $\lambda_j = 0$ でなくてはならない。したがって、すべての j について $\lambda_j = 0$ が成り立つので、$\boldsymbol{a}_1, \boldsymbol{a}_2, \ldots, \boldsymbol{a}_n$ は一次独立である。

3.3　グラム・シュミットの直交化法

復習：大きさが 1 のベクトルを**単位ベクトル（正規ベクトル）**と呼ぶ。ゼロでないベクトルを自身の大きさで割ると同じ向きの単位ベクトルを構成できる：

$$|\boldsymbol{a}| \neq \boldsymbol{0} \text{ ならば、} \frac{\boldsymbol{a}}{|\boldsymbol{a}|} \text{ は単位ベクトル。}$$

同じ型のベクトルの列 $\boldsymbol{e}_1, \ldots, \boldsymbol{e}_n$ が**正規直交系**であるとは、

$$(\boldsymbol{e}_i, \boldsymbol{e}_j) = 0 \quad (i \neq j)$$
$$|\boldsymbol{e}_i| = 1 \quad (i = 1, 2, \cdots, n)$$

が成り立つことをいう。例題 18 により、正規直交系は一次独立である。

例題 19. ベクトル

$$e_1 = \frac{1}{\sqrt{3}}\begin{pmatrix}1\\-1\\1\end{pmatrix}, e_2 = \frac{1}{\sqrt{2}}\begin{pmatrix}1\\1\\0\end{pmatrix}, e_3 = \frac{1}{\sqrt{6}}\begin{pmatrix}-1\\1\\2\end{pmatrix}$$

は正規直交系であることを確かめよ。

▶解　実際、

$$(e_1, e_1) = \frac{1}{\sqrt{3}}\sqrt{1^2 + (-1)^2 + 1^2} = 1,$$
$$(e_2, e_2) = \frac{1}{\sqrt{2}}\sqrt{1^2 + 1^2 + 0^2} = 1,$$
$$(e_3, e_3) = \frac{1}{\sqrt{6}}\sqrt{(-1)^2 + 1^2 + 2^2} = 1,$$

$$(e_1, e_2) = \frac{1}{\sqrt{6}}(1 - 1 + 0) = 0,$$
$$(e_1, e_3) = \frac{1}{\sqrt{18}}(-1 - 1 + 2) = 0,$$
$$(e_2, e_3) = \frac{1}{\sqrt{12}}(-1 + 1 + 0) = 0$$

なので、e_1, e_2, e_3 は正規直交系である。

グラム・シュミットの直交化法

$a_1, \ldots, a_n$ が一次独立なベクトルならば、これらの一次結合で正規直交系 $b_1, \ldots, b_n$ を構成できる。

計算の便宜上、ベクトル $b'_1, \cdots, b'_n$ を導入して

$$b'_k = a_k - \sum_{i=1}^{k-1}(a_k, b_i)\, b_i, \quad b_k = \frac{b'_k}{|b'_k|}, \quad 1 \le k \le n.$$

とすれば計算できる。

例題 20. $a_1 = (1, 1, 1), a_2 = (-1, 1, 1), a_3 = (2, -1, 1)$ からグラムシュミットの直交化法で 3 次元の正規直交系 b_1, b_2, b_3 を構成せよ。

方針：

$$\boldsymbol{b}'_1 \longrightarrow \boldsymbol{b}_1 \longrightarrow \boldsymbol{b}'_2 \longrightarrow \boldsymbol{b}_2 \longrightarrow \boldsymbol{b}'_3 \longrightarrow \boldsymbol{b}_3$$

の順で計算していく。

Step 1: まず、$\boldsymbol{b}'_1 = \boldsymbol{a}_1$ とする。これを正規化して、

$$\boldsymbol{b}_1 = \frac{\boldsymbol{a}_1}{|\boldsymbol{a}_1|} = \frac{1}{\sqrt{3}}(1, 1, 1).$$

Step 2: 次に $\boldsymbol{b}_2$ の計算だが、一気にやると大変なのでワンクッション入れて $\boldsymbol{b}'_2$ を計算する。

$$\begin{aligned}\boldsymbol{b}'_2 &= \boldsymbol{a}_2 - \underbrace{(\boldsymbol{a}_2, \boldsymbol{b}_1)}_{1/\sqrt{3}}\boldsymbol{b}_1 \\ &= (-1, 1, 1) - \frac{1}{3}(1, 1, 1) = \left(-\frac{4}{3}, \frac{2}{3}, \frac{2}{3}\right).\end{aligned}$$

よって、$|\boldsymbol{b}'_2| = \sqrt{\left(-\frac{4}{3}\right)^2 + \left(\frac{2}{3}\right)^2 + \left(\frac{2}{3}\right)^2} = \dfrac{2\sqrt{6}}{3}$ より、

$$\boldsymbol{b}_2 = \frac{\boldsymbol{b}'_2}{|\boldsymbol{b}'_2|} = \frac{1}{\sqrt{6}}(-2, 1, 1).$$

Step 3: $\boldsymbol{b}_3$ も同様に計算。

$$\begin{aligned}\boldsymbol{b}'_3 &= \boldsymbol{a}_3 - \underbrace{(\boldsymbol{a}_3, \boldsymbol{b}_1)}_{2/\sqrt{3}}\boldsymbol{b}_1 - \underbrace{(\boldsymbol{a}_3, \boldsymbol{b}_2)}_{-4/\sqrt{6}}\boldsymbol{b}_2 \\ &= (2, -1, 1) - \frac{2}{\sqrt{3}}\frac{1}{\sqrt{3}}(1, 1, 1) - \frac{-4}{\sqrt{6}}\frac{1}{\sqrt{6}}(-2, 1, 1) \\ &= (0, -1, 1).\end{aligned}$$

これを $|\boldsymbol{b}'_3| = \sqrt{2}$ で割ると、$\boldsymbol{b}_3 = \dfrac{1}{\sqrt{2}}(0, -1, 1)$. したがって、正規直交系

$$\boldsymbol{b}_1 = \frac{1}{\sqrt{3}}(1, 1, 1), \boldsymbol{b}_2 = \frac{1}{\sqrt{6}}(-2, 1, 1), \boldsymbol{b}_3 = \frac{1}{\sqrt{2}}(0, -1, 1) \quad \text{を得た。}$$

グラム・シュミットの直交化法の証明

グラム・シュミットの証明

数学的帰納法による。$\boldsymbol{b}_1, \ldots, \boldsymbol{b}_n$ を正規直交系とする。$\boldsymbol{a}_1, \ldots, \boldsymbol{a}_n$ と $\boldsymbol{b}_1, \ldots, \boldsymbol{b}_n$ からベクトル $\boldsymbol{b}_{n+1}$ を構成し、$\boldsymbol{b}_1, \ldots, \boldsymbol{b}_{n+1}$ がまた正規直交系になることを示そう。

$$\boldsymbol{b}'_{n+1} = \boldsymbol{a}_{n+1} - \sum_{i=1}^{n} (\boldsymbol{a}_{n+1}, \boldsymbol{b}_i)\, \boldsymbol{b}_i, \quad \boldsymbol{b}_{n+1} = \frac{\boldsymbol{b}'_{n+1}}{|\boldsymbol{b}'_{n+1}|}$$

とおくと、次が成り立つ。

$$\begin{aligned}\left(\boldsymbol{b}'_{n+1}, \boldsymbol{b}_j\right) &= (\boldsymbol{a}_{n+1}, \boldsymbol{b}_j) - \sum_{i=1}^{n} (\boldsymbol{a}_{n+1}, \boldsymbol{b}_i) \underbrace{(\boldsymbol{b}_i, \boldsymbol{b}_j)}_{0 \text{ or } 1} \\ &= (\boldsymbol{a}_{n+1}, \boldsymbol{b}_j) - (\boldsymbol{a}_{n+1}, \boldsymbol{b}_j) \underbrace{(\boldsymbol{b}_j, \boldsymbol{b}_j)}_{1} = 0.\end{aligned}$$

したがって、

$$\begin{aligned}(\boldsymbol{b}_{n+1}, \boldsymbol{b}_j) &= \frac{1}{|\boldsymbol{b}'_{n+1}|} \left(\boldsymbol{b}'_{n+1}, \boldsymbol{b}_j\right) = 0 \ (j = 1, 2, \ldots, n), \\ |\boldsymbol{b}_{n+1}| &= \frac{|\boldsymbol{b}'_{n+1}|}{|\boldsymbol{b}'_{n+1}|} = 1.\end{aligned}$$

確かに $\boldsymbol{b}_j$ は $\boldsymbol{a}_1, \ldots, \boldsymbol{a}_j$ の一次結合であり、$\boldsymbol{b}_1, \ldots, \boldsymbol{b}_{n+1}$ は正規直交系（したがって一次独立）である。これで証明できた。

3.4　ピタゴラスの定理

ベクトルの内積を成分を使わずベクトルのまま計算するのにも慣れてほしい。好例が次の定理だ。

ピタゴラスの定理

$\boldsymbol{e}_1, \ldots, \boldsymbol{e}_n$ が正規直交系ならば、

$$\left|\sum_{k=1}^{n} a_k \boldsymbol{e}_k\right|^2 = \sum_{k=1}^{n} |a_k|^2 \quad \text{が成り立つ。}$$

証明：

$$\begin{aligned}
\text{左辺} &= \left|\sum_{k=1}^{n} a_k \boldsymbol{e}_k\right|^2 = \left(\sum_{k=1}^{n} a_k \boldsymbol{e}_k, \sum_{k=1}^{n} a_k \boldsymbol{e}_k\right) \\
&= \sum_{i=1}^{n}\sum_{j=1}^{n} a_i a_j (\boldsymbol{e}_i, \boldsymbol{e}_j) = \sum_{i=1}^{n} |a_i|^2 (\boldsymbol{e}_i, \boldsymbol{e}_i) = \sum_{k=1}^{n} |a_k|^2 = \text{右辺}.
\end{aligned}$$

例題 21. ベクトルの列

$$\boldsymbol{e}_1 = \frac{1}{\sqrt{3}}\begin{pmatrix} 1 \\ -1 \\ 1 \end{pmatrix}, \boldsymbol{e}_2 = \frac{1}{\sqrt{2}}\begin{pmatrix} 1 \\ 1 \\ 0 \end{pmatrix}, \boldsymbol{e}_3 = \frac{1}{\sqrt{6}}\begin{pmatrix} -1 \\ 1 \\ 2 \end{pmatrix} \quad \text{を考える。}$$

ベクトル $\boldsymbol{x} = 2\boldsymbol{e}_1 - \boldsymbol{e}_2 + 5\boldsymbol{e}_3$ の大きさを求めよ。

▶ 解　例題 19 で見たように、$\boldsymbol{e}_1, \boldsymbol{e}_2, \boldsymbol{e}_3$ は正規直交系である。ベクトル

$$\boldsymbol{x} = 2\boldsymbol{e}_1 - \boldsymbol{e}_2 + 5\boldsymbol{e}_3 = \begin{pmatrix} \dfrac{2}{\sqrt{3}} - \dfrac{1}{\sqrt{2}} - \dfrac{5}{\sqrt{6}} \\ -\dfrac{2}{\sqrt{3}} - \dfrac{1}{\sqrt{2}} + \dfrac{5}{\sqrt{6}} \\ \dfrac{2}{\sqrt{3}} + \dfrac{10}{\sqrt{6}} \end{pmatrix}$$

の大きさは、ピタゴラスの定理を用いれば

$$\begin{aligned}
|\boldsymbol{x}|^2 &= (2\boldsymbol{e}_1 - \boldsymbol{e}_2 + 5\boldsymbol{e}_3, 2\boldsymbol{e}_1 - \boldsymbol{e}_2 + 5\boldsymbol{e}_3) \\
&= 2^2(\boldsymbol{e}_1, \boldsymbol{e}_1) + (-1)^2(\boldsymbol{e}_2, \boldsymbol{e}_2) + 5^2(\boldsymbol{e}_3, \boldsymbol{e}_3) \\
&= 2^2 + (-1)^2 + 5^2 = 30, \\
|\boldsymbol{x}| &= \sqrt{30}
\end{aligned}$$

と簡単に計算できる。これは、直接

$$|\boldsymbol{x}| = \left(\left(\frac{2}{\sqrt{3}} - \frac{1}{\sqrt{2}} - \frac{5}{\sqrt{6}}\right)^2 + \left(-\frac{2}{\sqrt{3}} - \frac{1}{\sqrt{2}} + \frac{5}{\sqrt{6}}\right)^2 + \left(\frac{2}{\sqrt{3}} + \frac{10}{\sqrt{6}}\right)^2\right)^{1/2}$$

を計算するよりはるかに易しい。

3.5 演習問題

問題 13. 第2三角不等式

$$\big||\boldsymbol{a}| - |\boldsymbol{b}|\big| \leq |\boldsymbol{a} - \boldsymbol{b}|$$

を示せ。(ヒント：平方して差をとる)

問題 14. ベクトル

$$\boldsymbol{a}_1 = \begin{pmatrix} 1 \\ 0 \\ 1 \end{pmatrix}, \boldsymbol{a}_2 = \begin{pmatrix} 0 \\ 1 \\ 1 \end{pmatrix}, \boldsymbol{a}_3 = \begin{pmatrix} 1 \\ 1 \\ 0 \end{pmatrix}$$

を考える。可能ならベクトル $\boldsymbol{x} = \begin{pmatrix} -2 \\ -1 \\ 3 \end{pmatrix}$ を $\boldsymbol{a}_1, \boldsymbol{a}_2, \boldsymbol{a}_3$ の一次結合で表せ。

問題 15. 例題 16, 17 を参考にして、

[1] ベクトル

$$\boldsymbol{a}_1 = \begin{pmatrix} 3 \\ 1 \end{pmatrix}, \boldsymbol{a}_2 = \begin{pmatrix} 2 \\ 1 \end{pmatrix}, \boldsymbol{a}_3 = \begin{pmatrix} 4 \\ 1 \end{pmatrix}$$

が一次独立かどうか判定せよ。

[2] 次のベクトルが一次独立かどうか調べよ。

$$\boldsymbol{b}_1 = (3, 1, 2), \boldsymbol{b}_2 = (0, -2, 1), \boldsymbol{b}_3 = (5, -3, -6).$$

問題 16. $\boldsymbol{e}_1 = \begin{pmatrix} \frac{1}{2} \\ \frac{\sqrt{3}}{2} \end{pmatrix}, \boldsymbol{e}_2 = \begin{pmatrix} -\frac{\sqrt{3}}{2} \\ \frac{1}{2} \end{pmatrix}$ が正規直交系であることを確かめよ。

問題 17. 例題 20 のグラム・シュミットの直交化法を参考にして、

$$\boldsymbol{a}_1 = \begin{pmatrix} 4 \\ 0 \\ 3 \end{pmatrix}, \boldsymbol{a}_2 = \begin{pmatrix} 7 \\ 0 \\ -1 \end{pmatrix}, \boldsymbol{a}_3 = \begin{pmatrix} 11 \\ 9 \\ 2 \end{pmatrix}$$

から正規直交系 $\boldsymbol{b}_1, \boldsymbol{b}_2, \boldsymbol{b}_3$ を構成せよ。

問題 18. $\boldsymbol{e}_1, \dots, \boldsymbol{e}_n$ を正規直交系、ベクトル $\boldsymbol{x}$ はスカラー $x_1, \dots, x_n$ を用いて

$$\boldsymbol{x} = x_1\boldsymbol{e}_1 + \cdots + x_n\boldsymbol{e}_n$$

と書けるとする。ベクトル $(x_1, \dots, x_n)$ を $\boldsymbol{e}_1, \dots, \boldsymbol{e}_n$ に関する $\boldsymbol{x}$ の**座標**、x_j を $\boldsymbol{x}$ の j-座標と呼ぶ。$x_j = (\boldsymbol{x}, \boldsymbol{e}_j)$ が成り立つことを示せ（ヒント：$\boldsymbol{x}$ と $\boldsymbol{e}_j$ の内積を計算する）。

3.6 演習問題解答

解答 13. やはり平方して差をとる。

$$\begin{aligned}|\boldsymbol{a}-\boldsymbol{b}|^2-\big||\boldsymbol{a}|-|\boldsymbol{b}|\big|^2&=(|\boldsymbol{a}|^2-2(\boldsymbol{a},\boldsymbol{b})-|\boldsymbol{b}|^2)-(|\boldsymbol{a}|^2-2|\boldsymbol{a}||\boldsymbol{b}|-|\boldsymbol{b}|^2)\\&=2(|\boldsymbol{a}||\boldsymbol{b}|-(\boldsymbol{a},\boldsymbol{b}))\geq 0.\end{aligned}$$

最後の不等式はコーシー・シュワルツの不等式による。

解答 14. $\boldsymbol{x}=\boldsymbol{a}_1+2\boldsymbol{a}_2-3\boldsymbol{a}_3$.

解答 15. [1] $\boldsymbol{a}_1,\boldsymbol{a}_2,\boldsymbol{a}_3$ は関係式 $2\boldsymbol{a}_1-\boldsymbol{a}_2-\boldsymbol{a}_3=\boldsymbol{0}$ が成り立つので一次従属。

[2] $\boldsymbol{b}_1,\boldsymbol{b}_2,\boldsymbol{b}_3$ はどれも $\boldsymbol{0}$ でなくしかも互いに直交するので一次独立。(実際、$\boldsymbol{b}_3=\boldsymbol{b}_1\times\boldsymbol{b}_2$ である)

解答 16. $|\boldsymbol{e}_1|=|\boldsymbol{e}_2|=1,(\boldsymbol{e}_1,\boldsymbol{e}_2)=0$ を確かめればよい。

解答 17. $\boldsymbol{b}_1=\begin{pmatrix}\frac{4}{5}\\0\\\frac{3}{5}\end{pmatrix},\boldsymbol{b}_2=\begin{pmatrix}\frac{3}{5}\\0\\-\frac{4}{5}\end{pmatrix},\boldsymbol{b}_3=\begin{pmatrix}0\\1\\0\end{pmatrix}.$

解答 18. $\boldsymbol{x}$ と $\boldsymbol{e}_j$ の内積をとると、

$$\begin{aligned}(\boldsymbol{x},\boldsymbol{e}_j)&=\left(\sum_{i=1}^n x_i\boldsymbol{e}_i,\boldsymbol{e}_j\right)=\sum_{i=1}^n(x_i\boldsymbol{e}_i,\boldsymbol{e}_j)\\&=\sum_{i=1}^n x_i(\boldsymbol{e}_i,\boldsymbol{e}_j)=x_j.\end{aligned}$$

3.7　コラム：不完全恐怖

不完全恐怖とは、「欠けているものを埋めたがる」脳の機能をいう。

- 次のような数列を見るとつい“3”を書き込みたくなる。

  1　2　□　4　5　6　$\cdots$

- ドラマシリーズ“24”のシーズンⅠ—Ⅶを見終えると、シーズンⅧ（ファイナルシーズン）まで見たくなる。

- ある本の一部を読み目次に ✓ をつけていくと、つい残りの部分も読みたくなる。

自然科学概論

彩園主学

目次

第1章 科学の歴史

✓1.1 コペルニクス............1
✓1.2 ガリレオ................5
1.3 ケプラー................8
✓1.4 ニュートン.............11
✓1.5 ライプニッツ..........16
✓1.6 デカルト...............19

- スマホをある程度使ったあと、充電してバッテリー

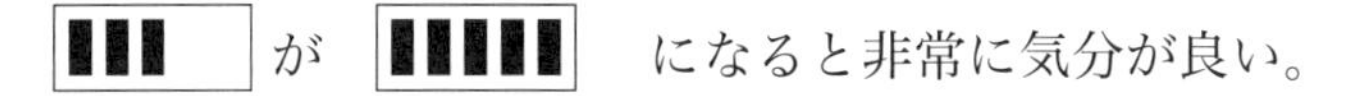

  になると非常に気分が良い。

参考『脳には妙なクセがある』池谷裕二、扶桑社新書 154.

第4章　行列の積：基礎

4.1　行列の積

行列の“積”とは？ そういえば、似たようなコンセプトがあった：

$$\boxed{\text{実数の積}} \xrightarrow{\text{チャンクアップ}} \boxed{\text{ベクトルの内積}} \xrightarrow{\text{チャンクアップ}} \boxed{\text{行列の積}}$$

これから学ぶ行列の“積”は、実数の積やベクトルの内積を特別な場合として含む。しかし、それぞれ似た部分と異なる部分があるので差異をはっきりと認識することが大切だ。

実数の積はよく知っているので、まずはベクトルの内積を確認しておこう。ただし、以前とは違い、今度は行ベクトルと列ベクトルの内積を考える。

ベクトルの内積（同次元の行ベクトルと列ベクトルの内積）

$\boldsymbol{a} = (a_1, \ldots, a_m)$, $\boldsymbol{b} = \begin{pmatrix} b_1 \\ \vdots \\ b_n \end{pmatrix}$ とする。$m = n$ **のときに限り**、内積 $(\boldsymbol{a}, \boldsymbol{b})$ を定義する：

$$(\boldsymbol{a}, \boldsymbol{b}) = a_1 b_1 + \cdots + a_n b_n.$$

これをふまえて、一般の行列の積を次のように定める。

行列の積

まず、A を $\ell \times m$ 行列、B を $n \times p$ 行列とする。$m = n$ **のときに限り**、積 AB を定義する：AB は $\ell \times p$ 型の行列で、その (i, j) 成分が A の i 行ベクトルと B の j 列ベクトルの内積に等しいものである。

成分で書くと、$A=(a_{ij}), B=(b_{ij})$ ならば AB の (i,j) 成分は $\displaystyle\sum_{k=1}^{m} a_{ik}b_{kj}$. なぜかというと、$A$ の i 行ベクトル $=(a_{i1},a_{i2},\ldots,a_{im})$, B の j 列ベクトル $=\begin{pmatrix} b_{1j} \\ b_{2j} \\ \vdots \\ b_{mj} \end{pmatrix}$ であるから。

これが一般的な定義だが、理解のためには例をいくつか計算するのがよい。

例題 22. $A=\begin{pmatrix} 1 & 2 & 3 \\ 4 & 5 & 6 \end{pmatrix}$, $B=\begin{pmatrix} -1 & 2 \\ 2 & -4 \\ 0 & 0 \end{pmatrix}$ とする。A の**行**ベクトル、B の**列**ベクトルをすべて書き出しなさい。(適当に名前をつけよ) それを利用して、AB を計算せよ。

▶ 解　A は $(2,3)$ 型、B は $(3,2)$ 型なので、AB は $(2,2)$ 型の行列。

$$\begin{array}{l} \boldsymbol{a}_1=(1,2,3), \\ \boldsymbol{a}_2=(4,5,6), \end{array} \quad \boldsymbol{b}_1=\begin{pmatrix} -1 \\ 2 \\ 0 \end{pmatrix}, \boldsymbol{b}_2=\begin{pmatrix} 2 \\ -4 \\ 0 \end{pmatrix} \quad \text{とおく。}$$

内積 $(\boldsymbol{a}_i,\boldsymbol{b}_j)$ $(i=1,2, j=1,2)$ をすべて計算しよう。これらが AB の成分になる。

$$(\boldsymbol{a}_1,\boldsymbol{b}_1)=1(-1)+2(2)+3(0)=3, \quad (\boldsymbol{a}_1,\boldsymbol{b}_2)=1(2)+2(-4)+3(0)=-6,$$
$$(\boldsymbol{a}_2,\boldsymbol{b}_1)=4(-1)+5(2)+6(0)=6, \quad (\boldsymbol{a}_2,\boldsymbol{b}_2)=4(2)+5(-4)+6(0)=-12$$

より、$AB=\begin{pmatrix} 3 & -6 \\ 6 & -12 \end{pmatrix}$.

例題 23. A, B は例題 22 と同じとする。行列の積 BA を計算せよ。

▶ 解　B は $(3,2)$ 型、A は $(2,3)$ 型なので、BA は $(3,3)$ 型行列である。

$$\begin{array}{l} \boldsymbol{c}_1=(-1,2), \\ \boldsymbol{c}_2=(2,-4), \\ \boldsymbol{c}_3=(0,0), \end{array} \quad \boldsymbol{d}_1=\begin{pmatrix} 1 \\ 4 \end{pmatrix}, \boldsymbol{d}_2=\begin{pmatrix} 2 \\ 5 \end{pmatrix}, \boldsymbol{d}_3=\begin{pmatrix} 3 \\ 6 \end{pmatrix} \quad \text{とおく。}$$

同様に内積 $(\boldsymbol{c}_i, \boldsymbol{d}_j)$ $(i, j = 1, 2, 3)$ を計算すると、

$$\begin{aligned} &(\boldsymbol{c}_1, \boldsymbol{d}_1) = 7, && (\boldsymbol{c}_1, \boldsymbol{d}_2) = 8, && (\boldsymbol{c}_1, \boldsymbol{d}_3) = 9, \\ &(\boldsymbol{c}_2, \boldsymbol{d}_1) = -14, && (\boldsymbol{c}_2, \boldsymbol{d}_2) = -16, && (\boldsymbol{c}_2, \boldsymbol{d}_3) = -18, \\ &(\boldsymbol{c}_3, \boldsymbol{d}_1) = 0, && (\boldsymbol{c}_3, \boldsymbol{d}_2) = 0, && (\boldsymbol{c}_3, \boldsymbol{d}_3) = 0 \end{aligned}$$

より、$BA = \begin{pmatrix} 7 & 8 & 9 \\ -14 & -16 & -18 \\ 0 & 0 & 0 \end{pmatrix}$.

行列の積：計算法則

[1] $\alpha(AB) = (\alpha A)B = A(\alpha B)$

[2] $(AB)C = A(BC)$

[3] $(A + B)C = AC + BC$

[4] $A(B + C) = AB + AC$

[5] $AO = OA = O$

注意：

- $AB = BA$ とは限らない。
- $(A+B)^2 = (A+B)(A+B) = AA+AB+BA+BB = A^2+AB+BA+B^2$ なので、$(A + B)^2 = A^2 + 2AB + B^2$ とは限らない。
- $A \neq O, B \neq O$ かつ $AB = O$ ということもありうる。

例題 24. $A = \begin{pmatrix} 1 & 4 \\ -1 & 2 \end{pmatrix}$, $B = \begin{pmatrix} 3 & 4 \\ 0 & 1 \end{pmatrix}$, $C = \begin{pmatrix} 8 & 9 \\ -1 & 2 \end{pmatrix}$ とする。

[1] $AB \neq BA$ を示せ。

[2] $(AB)C$ と $A(BC)$ を計算し、両者が一致することを確かめよ。

▶ 解

[1]

$$AB = \begin{pmatrix} 1 & 4 \\ -1 & 2 \end{pmatrix} \begin{pmatrix} 3 & 4 \\ 0 & 1 \end{pmatrix} = \begin{pmatrix} 3 & 8 \\ -3 & -2 \end{pmatrix},$$

$$BA = \begin{pmatrix} 3 & 4 \\ 0 & 1 \end{pmatrix} \begin{pmatrix} 1 & 4 \\ -1 & 2 \end{pmatrix} = \begin{pmatrix} -1 & 20 \\ -1 & 2 \end{pmatrix}$$

なので、明らかに $AB \neq BA$.

[2] 順に計算する。

$$AB = \begin{pmatrix} 1 & 4 \\ -1 & 2 \end{pmatrix} \begin{pmatrix} 3 & 4 \\ 0 & 1 \end{pmatrix} = \begin{pmatrix} 3 & 8 \\ -3 & -2 \end{pmatrix}$$

$$(AB)C = \begin{pmatrix} 3 & 8 \\ -3 & -2 \end{pmatrix} \begin{pmatrix} 8 & 9 \\ -1 & 2 \end{pmatrix} = \begin{pmatrix} 16 & 43 \\ -22 & -31 \end{pmatrix}$$

$$BC = \begin{pmatrix} 3 & 4 \\ 0 & 1 \end{pmatrix} \begin{pmatrix} 8 & 9 \\ -1 & 2 \end{pmatrix} = \begin{pmatrix} 20 & 35 \\ -1 & 2 \end{pmatrix}$$

$$A(BC) = \begin{pmatrix} 1 & 4 \\ -1 & 2 \end{pmatrix} \begin{pmatrix} 20 & 35 \\ -1 & 2 \end{pmatrix} = \begin{pmatrix} 16 & 43 \\ -22 & -31 \end{pmatrix}$$

となり確かに一致する。

ベキ乗 A が正方行列ならば、自分自身をかけることができる。

$$A^1 = A,$$
$$A^2 = AA,$$
$$A^3 = AAA,$$
$$A^n = \underbrace{AA \cdots A}_{n}.$$

例題 25. $A = \begin{pmatrix} 3 & 0 \\ -1 & 7 \end{pmatrix}$, $B = \begin{pmatrix} -1 & 0 \\ 2 & 1 \end{pmatrix}$ とおく。AB, A^2, B^2 を計算せよ。さらに、$(AB)^2$ と A^2B^2 を計算し、両者が一致しないことを示せ。

▶ 解

$$
\begin{aligned}
AB &= \begin{pmatrix} 3 & 0 \\ -1 & 7 \end{pmatrix}\begin{pmatrix} -1 & 0 \\ 2 & 1 \end{pmatrix} = \begin{pmatrix} -3 & 0 \\ 15 & 7 \end{pmatrix} \\
A^2 &= \begin{pmatrix} 9 & 0 \\ -10 & 49 \end{pmatrix} \\
B^2 &= \begin{pmatrix} 1 & 0 \\ 0 & 1 \end{pmatrix} \\
(AB)^2 &= \begin{pmatrix} -3 & 0 \\ 15 & 7 \end{pmatrix}\begin{pmatrix} -3 & 0 \\ 15 & 7 \end{pmatrix} = \begin{pmatrix} 9 & 0 \\ 60 & 49 \end{pmatrix} \\
A^2B^2 &= \begin{pmatrix} 9 & 0 \\ -10 & 49 \end{pmatrix}
\end{aligned}
$$

なので $(AB)^2 \neq A^2B^2$.

例題 26. $A \neq O_n, B \neq O_n, AB = O_n$ となる n 次正方行列 A, B を O_n の**零因子**という。 2次の正方行列でこのような例を見つけよ。

▶ 解　例えば、直交するゼロでないベクトル $(1, 1)$ と $\begin{pmatrix} 1 \\ -1 \end{pmatrix}$ を並べて

$$
A = \begin{pmatrix} 1 & 1 \\ 1 & 1 \end{pmatrix}, \quad B = \begin{pmatrix} 1 & 1 \\ -1 & -1 \end{pmatrix}
$$

とすれば、$A \neq O_2, B \neq O_2$ かつ $AB = \begin{pmatrix} 0 & 0 \\ 0 & 0 \end{pmatrix} = O_2$.

3次の例では $A = \begin{pmatrix} 1 & 2 & 3 \\ 4 & 5 & 6 \\ 7 & 8 & 9 \end{pmatrix}, B = \begin{pmatrix} -3 & 6 & -3 \\ 6 & -12 & 6 \\ -3 & 6 & -3 \end{pmatrix}, AB = BA = O_3$ などがある。このような例は「余因子行列」というアイディアを用いるといくらでも構成できる。

4.2　単位行列

対角成分が1, ほかはすべて0の n 次正方行列を**単位行列**と呼び、記号 E_n （あるいは単に “E”）で表す。

$$
E_1 = (1), E_2 = \begin{pmatrix} 1 & 0 \\ 0 & 1 \end{pmatrix}, E_3 = \begin{pmatrix} 1 & 0 & 0 \\ 0 & 1 & 0 \\ 0 & 0 & 1 \end{pmatrix}, E_4 = \begin{pmatrix} 1 & 0 & 0 & 0 \\ 0 & 1 & 0 & 0 \\ 0 & 0 & 1 & 0 \\ 0 & 0 & 0 & 1 \end{pmatrix} \quad \text{など。}
$$

単位行列の行（列）ベクトルはいずれも基本ベクトルである。

単位行列と行列の積の関係

すべての (m,n) 型行列 A について

$$E_mA = A = AE_n$$

が成り立つ。

証明. $E_mA = A$ のみを示す。E_m の i 行ベクトルは基本ベクトル

$$\boldsymbol{e}_i = (0,\dots,0,1,0,\dots,0)$$

である。また、$A=(a_{ij})$ の j 列ベクトルを $\boldsymbol{a}_j$ とすると、

$$(\boldsymbol{e}_i, \boldsymbol{a}_j) = 0a_{1j} + \cdots + 0a_{i-1,j} + 1a_{ij} + 0a_{i+1,j} + \cdots + 0a_{nj} = a_{ij}$$

なので、E_mA は (m,n) 型行列でその (i,j) 成分は a_{ij} である。つまり、$E_mA = A$. □

以下の等式を見て、等号が成り立つことを確認せよ。

$$\begin{pmatrix} 9 & 10 & 11 \\ 12 & 13 & 14 \end{pmatrix}\begin{pmatrix} 1 & 0 & 0 \\ 0 & 1 & 0 \\ 0 & 0 & 1 \end{pmatrix} = \begin{pmatrix} 9 & 10 & 11 \\ 12 & 13 & 14 \end{pmatrix}$$

$$\begin{pmatrix} 1 & 0 & 0 \\ 0 & 1 & 0 \\ 0 & 0 & 1 \end{pmatrix}\begin{pmatrix} 9 & 10 \\ 11 & 12 \\ 13 & 14 \end{pmatrix} = \begin{pmatrix} 9 & 10 \\ 11 & 12 \\ 13 & 14 \end{pmatrix}$$

例題 27. 単位行列の等式 $E_n^k = E_n$ $(k=1,2,3,\dots)$ を確かめよ。

▶ 解　上の等式 $AE_n = E_n$ で、特に $A = E_n$ とすれば、$E_nE_n = E_n$, つまり $E_n^2 = E_n$ である。$k=3$ なら

$$E_n^3 = E_n^2E_n = E_nE_n = E_n.$$

$k \geq 4$ のときも同様である。

注意：等式 $1^k = 1$ $(k=1,2,3,\dots)$ の類似である。

例題 28. Aを正方行列、Eを同じサイズの単位行列とするとき等式

$$(A+E)^2 = A^2 + 2A + E$$

を確かめよ。(cf. $(a+1)^2 = a^2 + 2a + 1$)

▶ 解

$$\begin{aligned}(A+E)^2 &= (A+E)(A+E) = AA + AE + EA + EE \\ &= A^2 + A + A + E^2 = A^2 + 2A + E.\end{aligned}$$

例題 29. A, Bをn次の正方行列、E, Oをn次の単位行列、ゼロ行列とする。

$$A + B = E, AB = O$$

が成り立つとき、$BA = O$と$A^4 + B^4 = E$を示せ。

▶ 解　$A + B = E$の両辺に右からBをかけると、

$$\begin{aligned}(A+B)B &= EB, \\ \underbrace{AB}_{O} + B^2 &= B, \\ B^2 &= B.\end{aligned}$$

同様にして$A^2 = A$が導ける。また、$(A+B)^2 = E^2 = E$より、

$$\underbrace{A^2}_{A} + \underbrace{AB}_{O} + BA + \underbrace{B^2}_{B} = E = A + B.$$

これから$BA = O$がしたがう。
さらに、$A^2 = A \Longrightarrow A^4 = (A^2)^2 = A^2 = A$（同様に$B^4 = B$）なので

$$A^4 + B^4 = A + B = E.$$

4.3　行列の 2 次方程式

行列の積を導入したので、「行列の 2 次方程式」も考えることができるようになった。

例題 30. $X^2 = \begin{pmatrix} 5 & 0 \\ 0 & 9 \end{pmatrix}$を満たす 2 次の行列$X$を求めよ。

▶解　$X = \begin{pmatrix} a & b \\ c & d \end{pmatrix}$ とすれば、

$$X^2 = \begin{pmatrix} a & b \\ c & d \end{pmatrix} \begin{pmatrix} a & b \\ c & d \end{pmatrix} = \begin{pmatrix} a^2 + bc & ab + bd \\ ca + dc & bc + d^2 \end{pmatrix}.$$

よって、

$$X^2 = \begin{pmatrix} 5 & 0 \\ 0 & 9 \end{pmatrix} \iff \begin{cases} a^2 + bc = 5 \\ b(a + d) = 0 \\ c(a + d) = 0 \\ d^2 + bc = 9 \end{cases}$$

第 2, 3 式に目をつけて次のように場合分けをする。

[1] $a + d = 0$ のとき、第 1 式と第 4 式から

$$bc = 5 - a^2, bc = 9 - d^2 = 9 - a^2.$$

しかし $5 - a^2 = 9 - a^2$ は不可能である。

[2] $a + d \neq 0$, つまり $b = c = 0$ のとき $a^2 = 5, d^2 = 9$.
$a = \pm\sqrt{5}, d = \pm 3$.

よって、$X = \begin{pmatrix} \pm\sqrt{5} & 0 \\ 0 & \pm 3 \end{pmatrix}$　（複号任意）.

4.4 演習問題

問題 19. $\boldsymbol{a}_1 = (3,2)$, $\boldsymbol{a}_2 = (2,4), \boldsymbol{b}_1 = \begin{pmatrix} 1 \\ 0 \end{pmatrix}, \boldsymbol{b}_2 = \begin{pmatrix} 3 \\ -1 \end{pmatrix}$ とおく。内積 $(\boldsymbol{a}_1, \boldsymbol{b}_1), (\boldsymbol{a}_1, \boldsymbol{b}_2), (\boldsymbol{a}_2, \boldsymbol{b}_1), (\boldsymbol{a}_2, \boldsymbol{b}_2)$ を計算せよ。

問題 20. 次の行列 A, B に対して AB を定義できるものは計算せよ。

[1] $A = \begin{pmatrix} 3 & 2 \\ 2 & 4 \end{pmatrix}, \quad B = \begin{pmatrix} 1 & 3 \\ 0 & -1 \end{pmatrix}$

[2] $A = \begin{pmatrix} 2 \\ -3 \\ 4 \end{pmatrix}, \quad B = \begin{pmatrix} 0 & 6 & -2 \end{pmatrix}$

[3] $A = \begin{pmatrix} 1 & 5 & 4 \end{pmatrix}, \quad B = \begin{pmatrix} 0 & 0 & 0 \\ 6 & -1 & 3 \\ 2 & 4 & -1 \end{pmatrix}$

[4] $A = \begin{pmatrix} 0 & 0 \\ 0 & 0 \end{pmatrix}, B = \begin{pmatrix} 0 \\ 0 \\ 0 \end{pmatrix}.$

問題 21. $A = \begin{pmatrix} 2 & 0 \\ 1 & 6 \end{pmatrix}, B = \begin{pmatrix} 0 & 6 \\ 0 & 7 \end{pmatrix}$ とおく。

$$(A+B)^2 - (A^2 + 2AB + B^2)$$

を計算せよ。さらに、その結果から $AB \neq BA$ を確認せよ。

問題 22. $A = \begin{pmatrix} a & b \\ c & d \end{pmatrix}, E = \begin{pmatrix} 1 & 0 \\ 0 & 1 \end{pmatrix}, O = \begin{pmatrix} 0 & 0 \\ 0 & 0 \end{pmatrix}$ とおく。

[1] ケーリー・ハミルトンの公式 (2 次)

$$A^2 - (a+d)A + (ad-bc)E = O$$

が成り立つことを示せ。

[2] 平方して E になる行列、すなわち $X^2 = E$ を満たす 2×2 型の行列 X を 4 つ見つけよ。

[3] $I^2 = -E$ を満たす 2 次の正方行列 I を見つけよ。

問題 23. 同じサイズの上三角行列の積は上三角行列であることを示せ。

問題 24. $B = \frac{1}{2}\begin{pmatrix} -1 & -1+2b \\ b & -1 \end{pmatrix}$ とおく。$B^2 = -B$ を満たすような実数 b をすべて求めよ。

4.5 演習問題解答

解答 19. $3, 7, 2, 2.$

解答 20. [1] $\begin{pmatrix} 3 & 2 \\ 2 & 4 \end{pmatrix}\begin{pmatrix} 1 & 3 \\ 0 & -1 \end{pmatrix} = \begin{pmatrix} 3 & 7 \\ 2 & 2 \end{pmatrix}$

[2] $\begin{pmatrix} 2 \\ -3 \\ 4 \end{pmatrix}\begin{pmatrix} 0 & 6 & -2 \end{pmatrix} = \begin{pmatrix} 0 & 12 & -4 \\ 0 & -18 & 6 \\ 0 & 24 & -8 \end{pmatrix}.$

[3] $\begin{pmatrix} 1 & 5 & 4 \end{pmatrix}\begin{pmatrix} 0 & 0 & 0 \\ 6 & -1 & 3 \\ 2 & 4 & -1 \end{pmatrix} = (38 \ \ 11 \ \ 11).$

[4] A の列の数と B の行の数が違うので AB は定義できない。

解答 21.

$$\begin{aligned}(\text{与式}) &= (A^2 + AB + BA + B^2) - (A^2 + 2AB + B^2) \\ &= -AB + BA.\end{aligned}$$

ここで、

$$-AB = \begin{pmatrix} 0 & -12 \\ 0 & -48 \end{pmatrix}, \quad BA = \begin{pmatrix} 6 & 36 \\ 7 & 42 \end{pmatrix}$$

より、答えは $\begin{pmatrix} 6 & 24 \\ 7 & -6 \end{pmatrix}$.

解答 22.

[1] 以下の通り。

$$\begin{aligned}&A^2 - (a+d)A + (ad-bc)E \\ &= \begin{pmatrix} a^2 + bc & ab + bd \\ ca + dc & cb + d^2 \end{pmatrix} + \begin{pmatrix} -(a+d)a & -(a+d)b \\ -(a+d)c & -(a+d)d \end{pmatrix} + \begin{pmatrix} ad - bc & 0 \\ 0 & ad - bc \end{pmatrix} \\ &= \begin{pmatrix} 0 & 0 \\ 0 & 0 \end{pmatrix} = O.\end{aligned}$$

[2] 例えば、$X = \begin{pmatrix} \pm 1 & 0 \\ 0 & \pm 1 \end{pmatrix}$.

[3] $a+d=0, ad-bc=+1$ となる a,b,c,d を見つけよう。例えば、$a=d=0, b=-1, c=1$ として $I = \begin{pmatrix} 0 & -1 \\ 1 & 0 \end{pmatrix}$ がとれる。実際、

$$I^2 = \begin{pmatrix} 0 & -1 \\ 1 & 0 \end{pmatrix} \begin{pmatrix} 0 & -1 \\ 1 & 0 \end{pmatrix} = \begin{pmatrix} -1 & 0 \\ 0 & -1 \end{pmatrix} = -E \quad \text{である。}$$

解答 23. $A=(a_{ij}), B=(b_{ij})$ を n 次正方行列とする。$i>j$ のとき、$a_{ij}=b_{ij}=0$ である。AB の (i,j) 成分を c_{ij} とすると、

$$c_{ij} = \sum_{k=1}^{n} a_{ik} b_{kj}.$$

特に、$i>j$ のとき、どんな k に対しても $a_{ik}=0$ または $b_{kj}=0$ なので

$$\sum_{k=1}^{n} a_{ik} b_{kj} = \sum_{k=1}^{j} \underbrace{a_{ik}}_{0} b_{kj} + \sum_{k=j+1}^{n} a_{ik} \underbrace{b_{kj}}_{0} = 0.$$

つまり、AB は上三角行列である。

解答 24. 分数を外に出したまま計算する。

$$B^2 = \frac{1}{4} \begin{pmatrix} -1 & -1+2b \\ b & -1 \end{pmatrix} \begin{pmatrix} -1 & -1+2b \\ b & -1 \end{pmatrix} = \frac{1}{4} \begin{pmatrix} 1-b+2b^2 & -4b+2 \\ -2b & -b+2b^2+1 \end{pmatrix}$$

よって、$B^2=-B$ と次の連立方程式が成立することは同値である。

$$\frac{1}{4}(1-b+2b^2) = -\frac{1}{2}(-1), \quad \frac{1}{4}(-4b+2) = -\frac{1}{2}(-1+2b),$$
$$\frac{1}{4}(-2b) = -\frac{1}{2}(b), \qquad \frac{1}{4}(-b+2b^2+1) = -\frac{1}{2}(-1).$$

これを解くと、$b=1, -\dfrac{1}{2}$.

第5章　行列の積：応用

5.1　可換性

行列 A, B が $AB = BA$ を満たすとき、**可換**であるという。**可換性の判定は行列のままでは非常に難しい**ので、成分ごとに考えるのがよい。

例題 31. $A = \begin{pmatrix} 2 & 5 \\ -3 & 1 \end{pmatrix}, B = \begin{pmatrix} 4 & -5 \\ 3 & k \end{pmatrix}$ とする。$AB = BA$ となる実数 k があれば求めよ。

▶ 解

$$AB = BA \iff \begin{pmatrix} 23 & 5k-10 \\ -9 & k+15 \end{pmatrix} = \begin{pmatrix} 23 & 15 \\ -3k+6 & k+15 \end{pmatrix}$$

であるから、連立方程式

$$\begin{cases} 23 & = 23, \\ 5k-10 & = 15, \\ -9 & = -3k+6, \\ k+15 & = k+15 \end{cases}$$

を満たす k の値を求めればよい。よって $k = 5$.

5.2　逆行列

A を n 次正方行列とする。$AX = XA = E_n$ を満たす行列 X を A の**逆行列**と呼び、A^{-1}（エーインバース）で表す（※実際には、$AX = E_n$ または $XA = E_n$ の**片方**を満たせばよい。以下、片方だけで議論することがある。なぜ片方でよいかは、一般の行列式の理論が必要なので本書では省略する）。$AX = XA = E_n$ を満たすような行列 X は存在すればひとつしかない。

例　$\begin{pmatrix} 2 & 1 \\ 5 & 3 \end{pmatrix}\begin{pmatrix} 3 & -1 \\ -5 & 2 \end{pmatrix} = \begin{pmatrix} 1 & 0 \\ 0 & 1 \end{pmatrix} = E_2$ なので、

$$\begin{pmatrix} 2 & 1 \\ 5 & 3 \end{pmatrix}^{-1} = \begin{pmatrix} 3 & -1 \\ -5 & 2 \end{pmatrix}. \left(\text{と同時に} \begin{pmatrix} 3 & -1 \\ -5 & 2 \end{pmatrix}^{-1} = \begin{pmatrix} 2 & 1 \\ 5 & 3 \end{pmatrix} \text{でもある。} \right)$$

逆行列の性質

- A と A^{-1} は同じサイズの正方行列である。
- A^{-1} がいつも存在するとは限らない（ランク、行列式などいろいろなアイディアで逆行列が存在するかどうか判定できる）。これにより、非常に簡単な分類を得た。

  正方行列 $\begin{cases} \text{逆行列が存在するもの＝正則行列} \\ \text{逆行列が存在しないもの＝非正則行列} \end{cases}$

- 自然数 n に対して、記号 A^{-n} は $(A^{-1})^n$ という意味である。
  ちなみにこれは $(A^n)^{-1}$ にも等しい。
- ${E_n}^{-1} = E_n$.
- 零行列 O_n の逆行列は存在しない。（なぜ？）

例題 32 (逆行列の一意性). n 次正方行列 A, X, Y に対して、

$$AX = XA = E, AY = YA = E$$

ならば $X = Y$ であることを示せ。

証明：$X = EX = (YA)X = Y(AX) = YE = Y$.

例題 33. n 次正方行列 A, B と実数 $\lambda\,(\neq 0)$ について次が成り立つことを示せ。

[1] $(A^{-1})^{-1} = A$.

[2] $(\lambda A)^{-1} = \lambda^{-1} A^{-1}$.

[3] $({}^tA)^{-1} = {}^t(A^{-1})$.

▶ 解

[1] $A^{-1}A = E$ なので、A^{-1} の逆行列は A である。

[2] $(\lambda A)(\lambda^{-1}A^{-1}) = (\lambda\lambda^{-1})(AA^{-1}) = 1E = E$ より $(\lambda A)^{-1} = \lambda^{-1}A^{-1}$.

[3] $({}^tA)\,{}^t(A^{-1}) = {}^t(A^{-1}A) = {}^tE = E$ であるから、$({}^tA)^{-1} = {}^t(A^{-1})$.

例題 34. A, B を同じサイズの正方行列とする。A, B がともに正則ならば AB も正則であることを示せ。

▶解　AB と $B^{-1}A^{-1}$ の積を計算すると、

$$(AB)(B^{-1}A^{-1}) = A(BB^{-1})A^{-1} = AA^{-1} = E$$

となるので、AB は正則で逆行列 $B^{-1}A^{-1}$ をもつ。

では、どうすれば A^{-1} を計算できるか。2次の場合は、逆行列を求めるのは簡単である：

$$A = \begin{pmatrix} a & b \\ c & d \end{pmatrix} \text{とすると、} \quad A^{-1} \text{が存在} \iff ad - bc \neq 0.$$

特に、$ad - bc \neq 0$ のとき、

$$\begin{pmatrix} a & b \\ c & d \end{pmatrix}^{-1} = \frac{1}{ad - bc}\begin{pmatrix} d & -b \\ -c & a \end{pmatrix}.$$

実際、

$$\begin{pmatrix} a & b \\ c & d \end{pmatrix} \frac{1}{ad - bc}\begin{pmatrix} d & -b \\ -c & a \end{pmatrix} = \frac{1}{ad - bc}\begin{pmatrix} ad - bc & -ab + ba \\ cd - dc & -cb + da \end{pmatrix} = \begin{pmatrix} 1 & 0 \\ 0 & 1 \end{pmatrix}$$

と

$$\frac{1}{ad - bc}\begin{pmatrix} d & -b \\ -c & a \end{pmatrix}\begin{pmatrix} a & b \\ c & d \end{pmatrix} = \frac{1}{ad - bc}\begin{pmatrix} da - bc & db - bd \\ -ca + ac & -cb + ad \end{pmatrix} = \begin{pmatrix} 1 & 0 \\ 0 & 1 \end{pmatrix}$$

が成り立つ。

例題 35. $A = \begin{pmatrix} a & -a + 3 \\ a + 4 & a + 1 \end{pmatrix}$ とする。A^{-1} が存在しないための必要十分条件を求めよ。

▶ 解　上の判定法により、A^{-1} が存在しないための必要十分条件は

$$a(a+1)-(-a+3)(a+4)=0.$$

$a^2+a-6=0$ より、$a=2,-3$.

例題 36. $\begin{pmatrix} 1 & 0 & 0 \\ 0 & 2 & 1 \\ 0 & 1 & 1 \end{pmatrix}^{-1}$ を求めよ。

▶ 解　以下のようにして、9 変数の連立方程式を立てる：

$$A=\begin{pmatrix} 1 & 0 & 0 \\ 0 & 2 & 1 \\ 0 & 1 & 1 \end{pmatrix}, X=\begin{pmatrix} x_{11} & x_{12} & x_{13} \\ x_{21} & x_{22} & x_{23} \\ x_{31} & x_{32} & x_{33} \end{pmatrix}$$

として $AX=E_3$ を成分で書き下すと

$$\begin{pmatrix} 1 & 0 & 0 \\ 0 & 2 & 1 \\ 0 & 1 & 1 \end{pmatrix}\begin{pmatrix} x_{11} & x_{12} & x_{13} \\ x_{21} & x_{22} & x_{23} \\ x_{31} & x_{32} & x_{33} \end{pmatrix}=\begin{pmatrix} 1 & 0 & 0 \\ 0 & 1 & 0 \\ 0 & 0 & 1 \end{pmatrix},$$

つまり

$$\begin{aligned}
&1x_{11}+0x_{21}+0x_{31}=1, \quad 1x_{12}+0x_{22}+0x_{32}=0, \quad 1x_{13}+0x_{23}+0x_{33}=0,\\
&0x_{11}+2x_{21}+1x_{31}=0, \quad 0x_{12}+2x_{22}+1x_{32}=1, \quad 0x_{13}+2x_{23}+1x_{33}=0,\\
&0x_{11}+1x_{21}+1x_{31}=0, \quad 0x_{12}+1x_{22}+1x_{32}=0, \quad 0x_{13}+1x_{23}+1x_{33}=1
\end{aligned}$$

である。この 9 式からなる連立方程式を解くと、$A^{-1}=\begin{pmatrix} 1 & 0 & 0 \\ 0 & 1 & -1 \\ 0 & -1 & 2 \end{pmatrix}$.

もちろん、この方法は効率がよいとはいえない。本書ではあとで「掃き出し法」を用いたもっと効率のよい逆行列の計算法を扱う。

5.3 行列のベキ乗

ある自然数 $n \geq 2$ が存在して $A^n = O$ となる正方行列 A を**ベキ零**、$A^n = E$ となる A を**ベキ単**、$A^n = A$ となる A を**ベキ等**という。これらの性質をまとめて周期性と呼ぶ。

例題 37. 3 次のベキ零、ベキ単、ベキ等行列の例を 2 つずつ見つけよ。

▶ 解

$$\text{ベキ零：}\begin{pmatrix} 0 & 0 & 1 \\ 0 & 0 & 0 \\ 0 & 0 & 0 \end{pmatrix}, \begin{pmatrix} 0 & 1 & 0 \\ 0 & 0 & 1 \\ 0 & 0 & 0 \end{pmatrix}$$

$$\text{ベキ単：}\begin{pmatrix} 0 & 0 & 1 \\ 1 & 0 & 0 \\ 0 & 1 & 0 \end{pmatrix}, \begin{pmatrix} 1 & 0 & 0 \\ 0 & -1 & 0 \\ 0 & 0 & 1 \end{pmatrix}$$

$$\text{ベキ等：}\begin{pmatrix} 2 & -1 & 0 \\ 2 & -1 & 0 \\ 2 & -1 & 0 \end{pmatrix}, \begin{pmatrix} 3 & -1 & 0 \\ 6 & -2 & 0 \\ 0 & 0 & 0 \end{pmatrix}$$

行列のベキの計算：「A^n を求めよ」というタイプの問題が典型的。

$$\text{基本 2 パターン}\begin{cases} \text{周期性の利用} \\ \text{数学的帰納法} \end{cases}$$

これらを念頭に、とりあえず 2 乗、3 乗を計算してみるとうまくいくことが多い。

例題 38. 次の行列の n 乗をそれぞれ求めよ。

$$A = \begin{pmatrix} 0 & 1 \\ 0 & 0 \end{pmatrix}, B = \begin{pmatrix} 0 & -1 \\ -1 & 0 \end{pmatrix}, C = \begin{pmatrix} 3 & -3 \\ 1 & -1 \end{pmatrix}, D = \begin{pmatrix} 1 & 5 \\ 0 & 1 \end{pmatrix}.$$

▶ 解

[1] $A = \begin{pmatrix} 0 & 1 \\ 0 & 0 \end{pmatrix}$

$$A^2 = \begin{pmatrix} 0 & 0 \\ 0 & 0 \end{pmatrix} = O \text{ より } A^3 = A^2A = OA = O, A^4 = O, \ldots, A^n = O.$$

[2] $B = \begin{pmatrix} 0 & -1 \\ -1 & 0 \end{pmatrix}$

$B^2 = \begin{pmatrix} 1 & 0 \\ 0 & 1 \end{pmatrix} = E$ より $B^3 = BBB = B, B^4 = E^2 = E, \ldots,$

よって　$B^n = \begin{cases} B & n\text{が奇数のとき} \\ E & n\text{が偶数のとき} \end{cases}$　がいえる。

[3] $C = \begin{pmatrix} 3 & -3 \\ 1 & -1 \end{pmatrix}$

$$C^2 = \begin{pmatrix} 3 & -3 \\ 1 & -1 \end{pmatrix}\begin{pmatrix} 3 & -3 \\ 1 & -1 \end{pmatrix} = \begin{pmatrix} 6 & -6 \\ 2 & -2 \end{pmatrix} = 2C, C^3 = 2C^2 = 4C, \ldots,$$

よって、$C^n = 2^{n-1}C.$

[4] まず、2乗、3乗を計算して D^n を予想し、そのあと数学的帰納法で予想が正しいことを証明する。

$$D = \begin{pmatrix} 1 & 5 \\ 0 & 1 \end{pmatrix}, D^2 = \begin{pmatrix} 1 & 10 \\ 0 & 1 \end{pmatrix}, D^3 = \begin{pmatrix} 1 & 15 \\ 0 & 1 \end{pmatrix}$$

より $D^n = \begin{pmatrix} 1 & 5n \\ 0 & 1 \end{pmatrix}$ と予想できる。$n = 1$ のときはこれは正しい。$n \geq 2$ とする。$n-1$ まで予想が正しいとすると、

$$D^n = DD^{n-1} = \begin{pmatrix} 1 & 5 \\ 0 & 1 \end{pmatrix}\begin{pmatrix} 1 & 5(n-1) \\ 0 & 1 \end{pmatrix} = \begin{pmatrix} 1 & 5(n-1)+5 \\ 0 & 1 \end{pmatrix} = \begin{pmatrix} 1 & 5n \\ 0 & 1 \end{pmatrix}$$

よりすべての n について $D^n = \begin{pmatrix} 1 & 5n \\ 0 & 1 \end{pmatrix}$ は正しい。

応用として、ケーリー・ハミルトンの公式は行列のベキを計算するのにも使える。

例題 39. $A = \begin{pmatrix} 1 & 1 \\ 1 & 0 \end{pmatrix}$ のとき、

$$P(A) = A^7 - A^6 - A^5 + A^3 - A^2 - E$$

を求めよ。

▶ 解　A にケーリー・ハミルトンの公式を適用すると、

$$A^2 - A - E = O.$$

つまり、$A^2 = A + E$ である。この関係式を繰り返し用いれば、A^n $(n = 1, 2, 3, \dots)$ はすべて A と E の 1 次式で表せる。

$$\begin{aligned}
A^3 &= AA^2 = A(A+E) = A^2 + A = (A+E) + A = 2A + E,\\
A^4 &= AA^3 = A(2A+E) = 2A^2 + A = 2(A+E) + A = 3A + 2E,\\
A^5 &= 5A + 3E,\\
A^6 &= 8A + 5E,\\
A^7 &= 13A + 8E.
\end{aligned}$$

よって、

$$\begin{aligned}
P(A) &= A^7 - A^6 - A^5 + A^3 - A^2 - E\\
&= (13A + 8E) - (8A + 5E) - (5A + 3E) + (2A + E) - (A + E) - E\\
&= A - E = \begin{pmatrix} 0 & 1 \\ 1 & -1 \end{pmatrix}.
\end{aligned}$$

別解：多項式 $P(a) = a^7 - a^6 - a^5 + a^3 - a^2 - 1$ を $a^2 - a - 1$ で割ると、商が $a^5 + a$, 余りが $a - 1$ なので、多項式の等式

$$a^7 - a^6 - a^5 + a^3 - a^2 - 1 = (a^2 - a - 1)(a^5 + a) + (a - 1)$$

が成り立つ。a を A, 1 を E に変えると行列の等式

$$A^7 - A^6 - A^5 + A^3 - A^2 - E = (A^2 - A - E)(A^5 + A) + (A - E)$$

を得る。$A^2 - A - E = O$ だから、右辺の第一項は消えて、

$$P(A) = A - E = \begin{pmatrix} 0 & 1 \\ 1 & -1 \end{pmatrix}.$$

5.4　ブラケット積

行列にも、外積に似た積がある。A と B が n 次の正方行列のとき、AB と BA もそうなので、その差

$$[A, B] = AB - BA$$

に意味がある。[　,　] を**ブラケット積** (**bracket product**) と呼ぶ。

ブラケット積の性質

- 分配法則：$[A+B, C] = [A, C] + [B, C]$.
- 分配法則：$[A, B+C] = [A, B] + [A, C]$.
- スカラーの移動：$\alpha[A, B] = [\alpha A, B] = [A, \alpha B]$.
- 交代性：$[A, B] = -[B, A]$.
- 零行列と積をとると消える：$[A, O] = [O, A] = O$.
- A が正則のとき、$[A, A^{-1}] = O$.
- $[A, E] = O$.

似たような式が何回も登場したのでもう慣れて来ただろう。

例題 40. $A = \begin{pmatrix} 0 & -1 \\ 2 & 1 \end{pmatrix}, B = \begin{pmatrix} 2 & 1 \\ -3 & 0 \end{pmatrix}, C = -2A + B$ とする。次の行列を計算せよ。

[1] $[A, B]$

[2] $[A, B+C] + [C, A+B]$

▶ 解

[1] $[A, B] = \begin{pmatrix} 0 & -1 \\ 2 & 1 \end{pmatrix}\begin{pmatrix} 2 & 1 \\ -3 & 0 \end{pmatrix} - \begin{pmatrix} 2 & 1 \\ -3 & 0 \end{pmatrix}\begin{pmatrix} 0 & -1 \\ 2 & 1 \end{pmatrix} = \begin{pmatrix} 1 & 1 \\ 1 & -1 \end{pmatrix}$.

[2]
$$\begin{aligned}[A, B+C] + [C, A+B] &= [A, -2A+2B] + [-2A+B, A+B] \\ &= -2[A, A] + 2[A, B] - 2[A, A] - 2[A, B] + [B, A] + [B, B] \\ &= [B, A] = \begin{pmatrix} -1 & -1 \\ -1 & 1 \end{pmatrix}.\end{aligned}$$

5.5 演習問題

問題 25. $A = \begin{pmatrix} 2 & 1 & 1 \\ 1 & 1 & a \\ 1 & 1 & 1 \end{pmatrix}$, $B = \begin{pmatrix} 1 & 0 & -1 \\ -1 & -1 & b \\ 0 & 1 & -1 \end{pmatrix}$ とおく。

$AB = BA$ を満たす実数 a と b を求めよ。

問題 26. $A = \begin{pmatrix} 1 & 0 \\ 1 & 7 \end{pmatrix}$ とする。A^{-1} が存在するかどうか判定し、存在するならそれを求めよ。

問題 27. n 次正方行列 A, B に対して $E_n - AB$ が正則ならば、$E_n - BA$ も正則で

$$(E_n - BA)^{-1} = E_n + B(E_n - AB)^{-1}A$$

となることを証明せよ。

問題 28. $\begin{pmatrix} 0 & -1 \\ 1 & 0 \end{pmatrix}^4$ と $\begin{pmatrix} 2 & 1 & 1 \\ -3 & -2 & -3 \\ 1 & 1 & 2 \end{pmatrix}^{10}$ を計算せよ。

問題 29. ブラケット積に関する**ヤコビの公式**

$$[[A, B], C] + [[B, C], A] + [[C, A], B] = O$$

を示せ。

問題 30. 実数 θ に対して、$E(\theta) = \begin{pmatrix} \cos\theta & -\sin\theta \\ \sin\theta & \cos\theta \end{pmatrix}$ とおく。

[1] $E(\theta)^{-1} = E(-\theta)$ を示せ。

[2] $E(\theta)^n = E(n\theta)$ を確かめよ。

5.6　演習問題解答

解答 25. $a = 2, b = 3.$

解答 26. $1 \times 7 - 0 \times 1 = 7 \neq 0$ なので A^{-1} は存在して、$\dfrac{1}{7}\begin{pmatrix} 7 & 0 \\ -1 & 1 \end{pmatrix}.$

解答 27.

$$\begin{aligned}
&(E_n - BA)(E_n + B(E_n - AB)^{-1}A) = E_n, \\
&(E_n + B(E_n - AB)^{-1}A)(E_n - BA) = E_n
\end{aligned}$$

の片方を示せばよい。

$$\begin{aligned}
&(E_n - BA)(E_n + B(E_n - AB)^{-1}A) \\
&= E_n^2 + E_nB(E_n - AB)^{-1}A - BAE_n - BAB(E_n - AB)^{-1}A \\
&= E_n + B\underbrace{(E_n - AB)(E_n - AB)^{-1}}_{E_n}A - BA \\
&= E_n + BA - BA = E_n.
\end{aligned}$$

解答 28. E_2 と $\begin{pmatrix} 2 & 1 & 1 \\ -3 & -2 & -3 \\ 1 & 1 & 2 \end{pmatrix}$ 自身。

解答 29.

$[[A, B], C] + [[B, C], A] + [[C, A], B] = (AB - BA)C + (BC - CB)A + (CA - AC)B = O.$

解答 30.

[1] $\cos\theta\cos\theta - (-\sin\theta)\sin\theta = 1 \neq 0$ なので逆行列が存在して、

$$E(\theta)^{-1} = \frac{1}{1}\begin{pmatrix} \cos\theta & -(-\sin\theta) \\ -\sin\theta & \cos\theta \end{pmatrix} = \begin{pmatrix} \cos(-\theta) & -\sin(-\theta) \\ \sin(-\theta) & \cos(-\theta) \end{pmatrix} = E(-\theta).$$

[2] 数学的帰納法と三角関数の加法定理を用いる：まず、$E(\theta_1)E(\theta_2) = E(\theta_1 + \theta_2)$ を確かめる。そのあと $\theta_1 = \theta_2$ のときを考えればよい。

5.7 コラム：先入観は敵、固定概念は悪

> ワインのビンの中にコルクが入ってしまった。
> どうすれば取り出せるか。　　　　　　（多湖輝『頭の体操』より）

もちろん、ワインの瓶を割ればよい。しかし、ワインが飲めなくなるとか、ケガをするとか常識にしばられるとこのような自由な発想が浮かんで来なくなる。

先入観は敵、固定概念は悪。これは私が恩師に出逢ってすぐ教わった言葉だ。

- 先入観＝すりこみ：複数の情報に接する場合、先に来た情報の価値が高いと思うこと。
- 固定概念＝思い込み：特に理由もなくある主張、分類、概念、価値、存在などを正しいと信じ込むこと。

あなたは思い込みの強い方だろうか？ もしそう思うなら、気をつけて欲しい。「数学が苦手」と主張する学生に共通する特徴はとにかく**思い込みが強い**ことである。数学はかなり特殊な学問なので、変な思い込みは百害あって一利なしだ。こんなものは捨ててしまおう（ただ、思い込みはなかなか自覚できない）。簡単なトレーニングにより先入観や固定概念の多くは必ず消すことができる。

『頭の体操』多湖輝、カッパ・ブックス

『人生の 99 %は思い込み―支配された人生から脱却するための心理学』鈴木敏昭、ダイヤモンド社

第6章　行列の変形

6.1　行列の基本変形

行列の**基本変形**とは、行列の型を保ちつつ、行あるいは列単位で成分を変える操作である。3種類の**行基本変形**と、3種類の**列基本変形**がある。

$$\textbf{基本変形}\begin{cases}\text{行の基本変形}\\ \text{列の基本変形}\end{cases}$$

- （第一行基本変形）ある行を定数倍する（ただし、0倍は除く）。

$$\begin{pmatrix} 1 & 2 & 3 \\ 4 & 5 & 6 \end{pmatrix} \xrightarrow{2\,\text{行}\times 100} \begin{pmatrix} 1 & 2 & 3 \\ 400 & 500 & 600 \end{pmatrix}$$

- （第二行基本変形）ある行と他の行を交換する。

$$\begin{pmatrix} 1 & 2 & 3 \\ 4 & 5 & 6 \end{pmatrix} \xrightarrow{1\,\text{行} \longleftrightarrow 2\,\text{行}} \begin{pmatrix} 4 & 5 & 6 \\ 1 & 2 & 3 \end{pmatrix}$$

- （第三行基本変形）ある行に他の行の定数倍を足す。

$$\begin{pmatrix} 1 & 2 & 3 \\ 4 & 5 & 6 \end{pmatrix} \xrightarrow{1\,\text{行}+2\,\text{行}\times 10} \begin{pmatrix} 41 & 52 & 63 \\ 4 & 5 & 6 \end{pmatrix}$$

- （第一列基本変形）ある列を定数倍する（ただし、0倍は除く）。

$$\begin{pmatrix} 1 & 2 & 3 \\ 4 & 5 & 6 \end{pmatrix} \xrightarrow{1\,\text{列}\times 100} \begin{pmatrix} 100 & 2 & 3 \\ 400 & 5 & 6 \end{pmatrix}$$

- （第二列基本変形）ある列と他の列を交換する。

$$\begin{pmatrix} 1 & 2 & 3 \\ 4 & 5 & 6 \end{pmatrix} \xrightarrow{1\,\text{列} \longleftrightarrow 2\,\text{列}} \begin{pmatrix} 3 & 2 & 1 \\ 6 & 5 & 4 \end{pmatrix}$$

- （第三列基本変形）ある列に他の列の定数倍を足す。

$$\begin{pmatrix} 1 & 2 & 3 \\ 4 & 5 & 6 \end{pmatrix} \xrightarrow{3\text{列}+2\text{列}\times 100} \begin{pmatrix} 1 & 2 & 203 \\ 4 & 5 & 506 \end{pmatrix}$$

行列 A を基本変形して B を得たとき、記号 $A \to B$ で表す。上の例のように、矢印の上下にどう基本変形したかを明示することが多い（ただし、慣れてきたらだんだん省略する）。

$$\begin{pmatrix} 1 & 0 & -1 \\ 1 & 1 & 1 \\ 7 & 3 & -1 \end{pmatrix} \xrightarrow{2\text{行}-1\text{行}} \begin{pmatrix} 1 & 0 & -1 \\ 0 & 1 & 2 \\ 7 & 3 & -1 \end{pmatrix}.$$

注意：混同のおそれがなければ、複数の基本変形を１つの矢印の上下に書いてもよい。（以下、この記法をよく用いる）

$$\begin{pmatrix} 1 & 0 & -1 \\ 1 & 1 & 1 \\ 7 & 3 & -1 \end{pmatrix} \xrightarrow[3\text{行}-1\text{行}\times 7]{2\text{行}-1\text{行}} \begin{pmatrix} 1 & 0 & -1 \\ 0 & 1 & 2 \\ 0 & 3 & 6 \end{pmatrix}$$

もちろん、これは次の２回の基本変形をまとめてかいたものである。

$$\begin{pmatrix} 1 & 0 & -1 \\ 1 & 1 & 1 \\ 7 & 3 & -1 \end{pmatrix} \xrightarrow{2\text{行}-1\text{行}} \begin{pmatrix} 1 & 0 & -1 \\ 0 & 1 & 2 \\ 7 & 3 & -1 \end{pmatrix} \xrightarrow[3\text{行}-1\text{行}\times 7]{} \begin{pmatrix} 1 & 0 & -1 \\ 0 & 1 & 2 \\ 0 & 3 & 6 \end{pmatrix}$$

ただし、“x 行”“y 列”などが、どの行列に対してなのか注意。（直前の行列について使う）天真爛漫に

$$\begin{pmatrix} 1 & 0 & -1 \\ 1 & 1 & 1 \\ 7 & 3 & -1 \end{pmatrix} \xrightarrow[3\text{行}-2\text{行}]{2\text{行}-3\text{行}} \begin{pmatrix} 1 & 0 & -1 \\ -6 & -2 & 2 \\ 6 & 2 & -2 \end{pmatrix}$$

としてはいけない。最初の「2行 − 3行」の変形をした時点で「2行」はもう $(-6, 2, 2)$ に変わっているので、次の「3行 − 2行」の変形で

$$(7, 3, -1) - (1, 1, 1) = (6, 2, -2)$$

を得られるわけではないからだ。

また、非常に簡単なことであるが、ゼロ行列にどんな基本変形をしても変わらない。

$$\begin{pmatrix} 0 & 0 & 0 \\ 0 & 0 & 0 \end{pmatrix} \xrightarrow{2\text{行}\times 100} \begin{pmatrix} 0 & 0 & 0 \\ 0 & 0 & 0 \end{pmatrix}$$

$$\begin{pmatrix} 0 & 0 & 0 \\ 0 & 0 & 0 \end{pmatrix} \xrightarrow{1\text{行} \longleftrightarrow 2\text{行}} \begin{pmatrix} 0 & 0 & 0 \\ 0 & 0 & 0 \end{pmatrix}$$

$$\begin{pmatrix} 0 & 0 & 0 \\ 0 & 0 & 0 \end{pmatrix} \xrightarrow{1\text{行}+2\text{行}\times 10} \begin{pmatrix} 0 & 0 & 0 \\ 0 & 0 & 0 \end{pmatrix}$$

$$\begin{pmatrix} 0 & 0 & 0 \\ 0 & 0 & 0 \end{pmatrix} \xrightarrow{1\text{列}\times 100} \begin{pmatrix} 0 & 0 & 0 \\ 0 & 0 & 0 \end{pmatrix}$$

$$\begin{pmatrix} 0 & 0 & 0 \\ 0 & 0 & 0 \end{pmatrix} \xrightarrow{1\text{列} \longleftrightarrow 3\text{列}} \begin{pmatrix} 0 & 0 & 0 \\ 0 & 0 & 0 \end{pmatrix}$$

$$\begin{pmatrix} 0 & 0 & 0 \\ 0 & 0 & 0 \end{pmatrix} \xrightarrow{3\text{列}+2\text{列}\times 100} \begin{pmatrix} 0 & 0 & 0 \\ 0 & 0 & 0 \end{pmatrix}$$

例題 41. $A = \begin{pmatrix} 0 & 1 & 2 \\ 1 & -2 & -1 \\ -1 & 0 & -2 \end{pmatrix}$ とする。A に対して次の基本変形を指定された順に行うと、最終的にどんな行列になるか。

1) 1行と2行を入れかえる
2) 3行 + 1行
3) 1行 + 2行 ×2
4) 3行 + 2行 ×2
5) 1行 + 3行 ×(−3)
6) 2行 + 3行 ×(−2)

▶ 解

$$A = \begin{pmatrix} 0 & 1 & 2 \\ 1 & -2 & -1 \\ -1 & 0 & -2 \end{pmatrix} \xrightarrow{1\text{行} \longleftrightarrow 2\text{行}} \begin{pmatrix} 1 & -2 & -1 \\ 0 & 1 & 2 \\ -1 & 0 & -2 \end{pmatrix}$$

$$\xrightarrow{3\text{行}+1\text{行}} \begin{pmatrix} 1 & -2 & -1 \\ 0 & 1 & 2 \\ 0 & -2 & -3 \end{pmatrix}$$

$$\xrightarrow[3\text{行}+2\text{行}\times 2]{1\text{行}+2\text{行}\times 2} \begin{pmatrix} 1 & 0 & 3 \\ 0 & 1 & 2 \\ 0 & 0 & 1 \end{pmatrix}$$

$$\xrightarrow[2\text{行}+3\text{行}\times(-2)]{1\text{行}+3\text{行}\times(-3)} \begin{pmatrix} 1 & 0 & 0 \\ 0 & 1 & 0 \\ 0 & 0 & 1 \end{pmatrix}$$

となり、答えは3次の単位行列である。

6.2 階段行列

行列のある行の0でない成分で最も左にあるものをその行の**主成分**という（ゼロ行列には主成分は存在しない)。

例題 42. 次の行列の主成分の個数を数えよ。

$$\begin{pmatrix} 0 & 0 & 0 \\ 0 & 0 & 0 \end{pmatrix}, \begin{pmatrix} 0 & 0 & 0 & 0 \\ 100 & 100 & 100 & 100 \\ 0 & 0 & 0 & 0 \\ 0 & 0 & 0 & 0 \end{pmatrix}, \begin{pmatrix} 0 & 0 & 0 & 0 & 0 \\ 0 & 1 & 0 & 0 & 0 \\ 0 & 0 & 0 & 0 & 0 \\ 0 & 0 & 0 & 0 & 1 \end{pmatrix}, \begin{pmatrix} 1 & 0 & 0 \\ 0 & 1 & 0 \\ 0 & 0 & 1 \end{pmatrix}$$

▶ 解　順に0個、1個、2個、3個である。

階段行列：次の条件をすべて満たす行列。

[1] 行ベクトルの中に零ベクトルがあれば、それは零ベクトルでない行ベクトルよりも下にある。(要するに、ある行以降はすべて零ベクトルになる)

[2] 零ベクトルでない行の主成分は1である。

[3] 零ベクトルでない2つの行について、上の行の主成分は下の行の主成分よりも左にある。

[4] 主成分を含む列ベクトルの主成分以外の成分は0である。

この結果、**主成分の左、上、下の成分はすべて0**になる。

例題 43. 次の行列の例を挙げよ。

- 3行3列の階段行列
- 3行4列の階段行列
- 4行5列の階段行列

▶ 解　例えば、

$$\begin{pmatrix} \boxed{1} & 0 & 1 \\ 0 & \boxed{1} & 3 \\ 0 & 0 & 0 \end{pmatrix}, \begin{pmatrix} \boxed{1} & 0 & 2 & 0 \\ 0 & \boxed{1} & 1 & 0 \\ 0 & 0 & 0 & \boxed{1} \end{pmatrix}, \begin{pmatrix} \boxed{1} & 3 & 0 & 0 & 99 \\ 0 & 0 & \boxed{1} & 0 & 100 \\ 0 & 0 & 0 & \boxed{1} & 101 \\ 0 & 0 & 0 & 0 & 0 \end{pmatrix}$$

がある（主成分を$\boxed{}$で囲んで強調した)。

行列の階段化

どんな行列 A も（列基本変形をせずに）行基本変形を繰り返して、階段行列にすることができる。しかも、その階段行列は A によって一意的に決まり、行変形の仕方によらない。

例題 44. 次の行列のそれぞれに行変形を繰り返し、階段行列に変形せよ。

$$A = \begin{pmatrix} -2 & 6 \\ 1 & 4 \end{pmatrix}, \quad B = \begin{pmatrix} -3 & 0 & 3 \\ 1 & 1 & 1 \\ 7 & 3 & -1 \end{pmatrix}$$

▶ 解

$$\begin{pmatrix} -2 & 6 \\ 1 & 4 \end{pmatrix} \xrightarrow{1\text{行}\times\left(-\frac{1}{2}\right)} \begin{pmatrix} \boxed{1} & -3 \\ 1 & 4 \end{pmatrix} \xrightarrow{2\text{行}-1\text{行}} \begin{pmatrix} \boxed{1} & -3 \\ 0 & 7 \end{pmatrix}$$
$$\xrightarrow{2\text{行}\times\frac{1}{7}} \begin{pmatrix} \boxed{1} & -3 \\ 0 & \boxed{1} \end{pmatrix} \xrightarrow{1\text{行}+2\text{行}\times 3} \begin{pmatrix} \boxed{1} & 0 \\ 0 & \boxed{1} \end{pmatrix}.$$

$$\begin{pmatrix} -3 & 0 & 3 \\ 1 & 1 & 1 \\ 7 & 3 & -1 \end{pmatrix} \xrightarrow{1\text{行}\times\left(-\frac{1}{3}\right)} \begin{pmatrix} \boxed{1} & 0 & -1 \\ 1 & 1 & 1 \\ 7 & 3 & -1 \end{pmatrix} \xrightarrow[3\text{行}-1\text{行}\times 7]{2\text{行}-1\text{行}} \begin{pmatrix} \boxed{1} & 0 & -1 \\ 0 & 1 & 2 \\ 0 & 3 & 6 \end{pmatrix}$$
$$\xrightarrow[3\text{行}-2\text{行}\times 3]{} \begin{pmatrix} \boxed{1} & 0 & -1 \\ 0 & \boxed{1} & 2 \\ 0 & 0 & 0 \end{pmatrix}.$$

6.3　掃き出し法

掃き出し法とは、行列の変形を繰り返して成分に 0 を増やす操作である。具体的には、$a_{pq} \neq 0$ のとき i 行に p 行の $-a_{iq}/a_{pq}$ 倍を足す。この行基本変形を $i \neq p$ となるすべての i について行うと、q 列が

$$\begin{pmatrix} 0 \\ \vdots \\ 0 \\ a_{pq} \\ 0 \\ \vdots \end{pmatrix}$$

の形になる。同様にして、$j \neq q$ となるすべての j に対して、j 列に q 列の $-a_{pj}/a_{pq}$ 倍を足せば

$$\begin{pmatrix} 0 & \cdots & 0 & a_{pq} & 0 & \cdots & 0 \end{pmatrix}$$

とできる。（したがって、a_{pq} が p 行の主成分になる）この操作を**「(p,q) 成分を要として q 列（p 行）を掃き出す」**と言い表す。

例題 45. $A = \begin{pmatrix} 0 & 2 & 1 & 4 \\ -2 & 4 & 1 & 3 \\ 3 & 1 & -2 & -1 \end{pmatrix}$ とする。

[1] $(1,2)$ 成分を要として 2 列を掃き出せ。

[2] $(2,3)$ 成分を要として 2 行を掃き出せ。

▶ 解

$$\begin{pmatrix} 0 & \boxed{2} & 1 & 4 \\ -2 & 4 & 1 & 3 \\ 3 & 1 & -2 & -1 \end{pmatrix} \longrightarrow \begin{pmatrix} 0 & \boxed{2} & 1 & 4 \\ -2 & \mathbf{0} & -1 & -5 \\ 3 & \mathbf{0} & -5/2 & -3 \end{pmatrix}$$

$$\begin{pmatrix} 0 & 2 & 1 & 4 \\ -2 & 4 & \boxed{1} & 3 \\ 3 & 1 & -2 & -1 \end{pmatrix} \longrightarrow \begin{pmatrix} 2 & -2 & 1 & 1 \\ \mathbf{0} & \mathbf{0} & \boxed{1} & \mathbf{0} \\ -1 & 9 & -2 & 5 \end{pmatrix}.$$

では、どのような順序で掃き出し法を繰り返せば A を階段行列にできるだろうか。すでにいくつか例を見たわけだが、一般的なケースの手順を以下にまとめておこう。

階段行列への変形手順：A を (m,n) 型とする。次のステップ 0 からステップ m までを順に行うと、A を階段行列にすることができる。

ステップ 0: まず、A の行の中にゼロベクトルがあれば、行の交換により、それらをまとめて行列の最後に来るようにしておく。

ステップ i $(1 \leq i \leq m)$: i 行がゼロベクトルであれば、すぐにステップ $(i+1)$ へ進む。もしそうでなければ、

$$q_i = \min\{j \mid 1 \leq j \leq n, a_{ij} \neq 0\}$$

とおく。そして i 行を a_{iq_i} で割り、(i,q_i) を成分を 1 にする。そこを要に、q_i 列を掃き出すと

$$\begin{pmatrix} & & & 0 & \\ & & & \vdots & \\ & & & 0 & \\ 0 & \cdots & 0 & \boxed{1} & \\ & & & 0 & \\ & & & \vdots & \\ & & & 0 & \end{pmatrix}$$

の形ができる。(この (i,q_i) 成分がのちの階段行列の主成分になる)。続いてステップ $(i+1)$ へ進む ($i=m$ ならここで終了)。

$$A = \begin{pmatrix} 0 & 2 & 2 & 4 & 6 \\ 0 & 0 & 0 & 0 & 0 \\ 0 & -1 & -1 & 2 & 5 \\ 0 & 0 & 0 & 0 & 0 \\ 0 & 3 & 0 & 10 & 17 \end{pmatrix} \xrightarrow{\text{ステップ }0} \begin{pmatrix} 0 & 2 & 2 & 4 & 6 \\ 0 & -1 & -1 & 2 & 5 \\ 0 & 3 & 0 & 10 & 17 \\ 0 & 0 & 0 & 0 & 0 \\ 0 & 0 & 0 & 0 & 0 \end{pmatrix}$$

$$\xrightarrow{q_1=2} \begin{pmatrix} 0 & 1 & 1 & 2 & 3 \\ 0 & -1 & -1 & 2 & 5 \\ 0 & 3 & 0 & 10 & 17 \\ 0 & 0 & 0 & 0 & 0 \\ 0 & 0 & 0 & 0 & 0 \end{pmatrix}$$

$$\xrightarrow{2\text{ 列を掃き出す}} \begin{pmatrix} 0 & \boxed{1} & 1 & 2 & 3 \\ 0 & 0 & 0 & 4 & 8 \\ 0 & 0 & 0 & 4 & 8 \\ 0 & 0 & 0 & 0 & 0 \\ 0 & 0 & 0 & 0 & 0 \end{pmatrix}$$

$$\xrightarrow{q_2=4} \begin{pmatrix} 0 & \boxed{1} & 1 & 2 & 3 \\ 0 & 0 & 0 & \boxed{1} & 2 \\ 0 & 0 & 0 & 4 & 8 \\ 0 & 0 & 0 & 0 & 0 \\ 0 & 0 & 0 & 0 & 0 \end{pmatrix}$$

$$\xrightarrow{4\text{ 列を掃き出す}} \begin{pmatrix} 0 & \boxed{1} & 1 & 0 & -1 \\ 0 & 0 & 0 & \boxed{1} & 2 \\ 0 & 0 & 0 & 0 & 0 \\ 0 & 0 & 0 & 0 & 0 \\ 0 & 0 & 0 & 0 & 0 \end{pmatrix}$$

注意

どんな行列が階段行列か、慣れるまではややこしいかもしれない。間違えやすい部分を書き出しておこう：

- 主成分の左、上下の成分は必ず0であるが、右は0でない成分があってもよい。
- 主成分は隣接した列にあるとは限らない。上の例の3列のように主成分を含まない列があってもよい。
- 行のゼロベクトルは行列の下側にあるが、列のゼロベクトルは行列の左側に来るとは限らない。

6.4 行列のランク

行列 A の**ランク（階数）**とは、階段行列に行変形したときの主成分の個数（＝0でない行ベクトルの個数）である。

例題 46. $A = \begin{pmatrix} 4 & 3 & -1 \\ 2 & 1 & 1 \\ 3 & 1 & 3 \end{pmatrix}$ とする。$\operatorname{rank} A$ を求めよ。

▶ 解

$$A = \begin{pmatrix} 4 & 3 & -1 \\ 2 & 1 & 1 \\ 3 & 1 & 3 \end{pmatrix} \xrightarrow{1\text{行}-3\text{行}} \begin{pmatrix} \boxed{1} & 2 & -4 \\ 2 & 1 & 1 \\ 3 & 1 & 3 \end{pmatrix} \xrightarrow[3\text{行}-1\text{行}\times 3]{2\text{行}-1\text{行}\times 2} \begin{pmatrix} \boxed{1} & 2 & -4 \\ 0 & -3 & 9 \\ 0 & -5 & 15 \end{pmatrix}$$

$$\xrightarrow{2\text{行}\times(-1/3)} \begin{pmatrix} \boxed{1} & 2 & -4 \\ 0 & 1 & -3 \\ 0 & -5 & 15 \end{pmatrix} \xrightarrow[3\text{行}+2\text{行}\times 5]{1\text{行}-2\text{行}\times 2} \begin{pmatrix} \boxed{1} & 0 & 2 \\ 0 & \boxed{1} & -3 \\ 0 & 0 & 0 \end{pmatrix}$$

なので、$\operatorname{rank} A = 2$.

rank の性質

- A が (m, n) 型行列ならば、$0 \leq \operatorname{rank} A \leq m$.
- $\operatorname{rank} A = 0 \iff A$ は零行列。
- 行基本変形をしても rank は変わらない。

6.5　同値類

行列の変形や rank には、「同値関係＝分類」というアイディアが背景にある。

同値関係

行列 A を行変形して B にできるとき、記号 $A \sim B$ で表そう。この関係について、次の性質が成り立つ。

反射律：$A \sim A.$

対称律：$A \sim B \Longrightarrow B \sim A.$

推移律：$A \sim B \ \& \ B \sim C \Longrightarrow A \sim C.$

証明： A は何もしなくても A にできるから、$A \sim A$ である。続いて、$A \sim B$ と仮定する。基本変形1回のときを考えればよいので、$A \to B$ とすると、この行変形は

[1] i 行を c 倍する（ただし、0倍は除く）。

[2] i 行と j 行を交換する。

[3] i 行に j 行の c 倍を加える。

のどれかである。いずれにせよ、対応する次の操作で $B \to A$ と逆にたどることができる。

[1*] i 行を $-c$ 倍する（ただし、0倍は除く）。

[2*] j 行と i 行を交換する。

[3*] i 行に j 行の $-c$ 倍を加える。

したがって、$B \to A.$

最後に、$A \sim B \ \& \ B \sim C$ と仮定する。行基本変形の列

$$A \to\to \cdots \to B \quad と \quad B \to\to \cdots \to C$$

が存在するから、この2つをつなげば $A \sim C$ がいえる。

この事実を "$A \sim B$" は**同値関係**であると言い表す。上の議論から "$A \sim B \Longrightarrow \operatorname{rank} A = \operatorname{rank} B$" である。

科学の基本的なアイディアは「細分」「分類」である。生物、物理、化学、何でもそうだが複雑な対象はなるべく細かく分けて分析するという発想だ。数学も同じで、複雑な対象（ここでは行列）を rank によって分類したいのである。

6.6 文字が入る場合

行列の成分に文字が入っている場合は、その値によってランクが変わるので場合分けが必要だ。

例題 47. 次の行列のランクを求めよ。

$$A = \begin{pmatrix} 1 & a & bc \\ 1 & b & ca \\ 1 & c & ab \end{pmatrix}$$

▶ 解　とりあえず、$(1,1)$ 成分を用いて 1 列を掃き出そう。

$$A = \begin{pmatrix} \boxed{1} & a & bc \\ 1 & b & ca \\ 1 & c & ab \end{pmatrix} \longrightarrow \begin{pmatrix} 1 & a & bc \\ 0 & b-a & c(a-b) \\ 0 & c-a & b(a-c) \end{pmatrix} \ (= B \text{ とする})$$

0 でない行ベクトルがあり、しかも A の行は全部で 3 個なので、

$$1 \leq \operatorname{rank} A \leq 3$$

である。ここで集合 $\{a, b, c\}$ の個数で場合分けをする。

[1] $a = b = c$ のとき：B の 2 行と 3 行はゼロベクトルなので、$\operatorname{rank} A = 1$.

[2] 「$a = b$ または $b = c$ または $c = a$」かつ「$a = b = c$ ではない」とき：(行を交換することにより）$c = a, b \neq a$ としても一般性を失わない。すると、

$$B = \begin{pmatrix} 1 & a & bc \\ 0 & 1 & -c \\ 0 & 0 & 0 \end{pmatrix} \to \begin{pmatrix} 1 & 0 & c(a+b) \\ 0 & 1 & -c \\ 0 & 0 & 0 \end{pmatrix}$$

を得るので $\operatorname{rank} A = 2$.

[3] $a \neq b, b \neq c, c \neq a$ のとき：

$$B \to \begin{pmatrix} 1 & a & bc \\ 0 & 1 & -c \\ 0 & 1 & -b \end{pmatrix} \to \begin{pmatrix} 1 & 0 & (b-a)c \\ 0 & 1 & -c \\ 0 & 0 & c-b \end{pmatrix} \to \begin{pmatrix} 1 & 0 & (b-a)c \\ 0 & 1 & -c \\ 0 & 0 & 1 \end{pmatrix} \to \begin{pmatrix} 1 & 0 & 0 \\ 0 & 1 & 0 \\ 0 & 0 & 1 \end{pmatrix}$$

より、$\operatorname{rank} A = 3$.

6.7　演習問題

問題 31. $A = \begin{pmatrix} 1 & 2 & -6 \\ 0 & 1 & 3 \\ 2 & 3 & 12 \end{pmatrix}$ とおく。

[1] A の $(2,2)$ 成分を要として 2 列を掃き出せ。

[2] A の $(1,1)$ 成分を要として 1 行を掃き出せ。

問題 32. 次の階段行列の例を 1 つずつ挙げよ。

- 3 行 3 列でランクが 2 の行列
- 4 行 5 列でランクが 3 の行列
- 2 行 3 列でランクが 0 の行列

問題 33. $\begin{pmatrix} 1 & 2 & 5 \\ -1 & -3 & 7 \\ -4 & -11 & 16 \\ 5 & 12 & 1 \end{pmatrix}$ に行変形を繰り返し行い、階段行列にせよ。

問題 34. 次の行列のランクを求めよ。$\begin{pmatrix} 2 & 2 & 4 \\ 1 & 0 & 2 \\ 5 & 3 & 7 \end{pmatrix}$

問題 35. ランクが r の階段行列 A の最初の r 個の行ベクトルは一次独立であることを示せ。

問題 36. 次の行列のランクを求めよ。

$$A = \begin{pmatrix} 1 & 1 & a \\ 1 & a & 1 \\ a & 1 & 1 \end{pmatrix}$$

ただし、a の値によって $\operatorname{rank} A$ は変わるので場合分けが必要である。

6.8 演習問題解答

解答 31. $\begin{pmatrix} 1 & 0 & -12 \\ 0 & 1 & 3 \\ 2 & 0 & 3 \end{pmatrix}$ と $\begin{pmatrix} 1 & 0 & 0 \\ 0 & 1 & 3 \\ 2 & -1 & 24 \end{pmatrix}$.

解答 32.

- 3行3列でランクが2の行列：$\begin{pmatrix} 1 & 0 & 0 \\ 0 & 1 & 0 \\ 0 & 0 & 0 \end{pmatrix}$
- 4行5列でランクが3の行列：$\begin{pmatrix} 0 & 1 & 0 & 0 & 0 \\ 0 & 0 & 1 & 0 & 0 \\ 0 & 0 & 0 & 0 & 0 \\ 0 & 0 & 0 & 0 & 1 \end{pmatrix}$.
- 2行3列でランクが0の行列：$\begin{pmatrix} 0 & 0 & 0 \\ 0 & 0 & 0 \end{pmatrix}$ しかない。

解答 33. $\begin{pmatrix} 1 & 0 & 29 \\ 0 & 1 & -12 \\ 0 & 0 & 0 \\ 0 & 0 & 0 \end{pmatrix}$

解答 34. $\begin{pmatrix} 1 & 0 & 0 \\ 0 & 1 & 0 \\ 0 & 0 & 1 \end{pmatrix}$ に行変形できるので、ランクは3.

解答 35. A の最初の r 個の行ベクトルを $\boldsymbol{a}_1, \ldots, \boldsymbol{a}_r$ とする。連立方程式

$$\lambda_1 \boldsymbol{a}_1 + \cdots + \lambda_r \boldsymbol{a}_r = \boldsymbol{0}$$

を立てると、各行の主成分が1であることから

$$\lambda_1 = 0, \ldots, \lambda_r = 0$$

を得る。

解答 36. $a = 1$ のとき $\operatorname{rank} A = 1$, $a = 2$ のとき $\operatorname{rank} A = 2$, それ以外のとき $\operatorname{rank} A = 3$.

6.9 コラム：ジグソーパズル vs ルービックキューブ

複雑化する現代では、次のような社会問題が起こるようになってきた。

- 全体像が見えにくい：人によって見えている部分が違うため、コミュニケーションがとりにくい。対話ができない。
- ダイナミックな複雑性をもつ：時間によって大きく様相が変わる。
- 要素の間の相互作用がある：ある手を打っても、解決に向け前進しているのかどうかわからない。「AのせいでBが起きた」という単純な因果関係では問題全体を説明できない。
- 解決に時間がかかる：お手軽、迅速な解決策は存在しない。

このような条件を備えた問題をよく「ルービックキューブ型の問題」という。逆に、全体像がわかりやすく、解決にむけて前進が容易な問題を「ジグソーパズル型の問題」という。

ジグソーパズル型	ルービックキューブ型
単純	複雑
全体像が見えやすい	全体像がわかりづらい
すぐ解決できる	時間がかかる
一手ごとに解決に近づいていく	一手一手が解決に近づくとは限らない
マニュアル、ルーティーン	創造、対話
前進感を得やすい	前進感を得にくい

数学の問題でも、大きく2通りあると考えてよい。線型代数でいえば、内積や外積の計算などはジグソーパズル型であるが、行列の階段化などはルービックキューブ型である。方針をはっきりさせて計算していかないと、堂々巡りに陥ってしまうからだ。

参考：枝廣淳子、小田理一郎『なぜあの人の解決策はいつもうまくいくのか？』東洋経済新報社

第7章　連立一次方程式：基礎

7.1　そもそもの話：連立方程式の解

唐突に例題：次の連立方程式を解け。

$$\begin{cases} 2x & -y & -z & =1 \\ -x & +2y & -z & =1 \\ -x & -y & +2z & =-2 \end{cases}$$

$$\begin{cases} x_2 = x_1^2 \\ x_1 + x_2 + x_3^2 = 10 \end{cases}$$

$(x, y, z) = (1, 1, 0)$ や $(x_1, x_2, x_3) = (1, 1, 2\sqrt{2})$ はそれぞれの連立方程式を**満たす**。だが、このように題意を満たす値の組を1つ見つけたからといって、連立方程式を**解いたことにはならない。**

> 題意を満たす $x, y, z, \ldots$ の値をすべて見つけるのが方程式を「解く」という数学用語の厳密な意味。ただし、解が存在しないこともある（そのときは「解なし」と答える）。

線型代数で扱うのは、連立一次方程式と呼ばれるタイプである：変数 $x_1, \ldots, x_n$ に関する**連立一次方程式**とは、$x_1, \ldots, x_n$ に関する一次式と定数項だけが登場する連立方程式である。これは、一般に定数 $\{a_{ij} \mid 1 \leq i \leq m, 1 \leq j \leq n\}, b_1, \ldots, b_n$ と変数 $x_1, \ldots, x_n$ により、次のように表せる。

$$\begin{cases} a_{11}x_1 & +a_{12}x_2 & + & \cdots & +a_{1n}x_n & =b_1 \\ a_{21}x_1 & +a_{22}x_2 & + & \cdots & +a_{2n}x_n & =b_2 \\ & & \cdots & & & \\ a_{m1}x_1 & +a_{m2}x_2 & + & \cdots & +a_{mn}x_n & =b_n \end{cases}$$

この n 個の等式は行列 $A = (a_{ij})$, 変数ベクトル $\boldsymbol{x} = \begin{pmatrix} x_1 \\ \vdots \\ x_n \end{pmatrix}$, 定数ベクトル $\boldsymbol{b} =$

$\begin{pmatrix} b_1 \\ \vdots \\ b_n \end{pmatrix}$ でまとめて “$A\boldsymbol{x} = \boldsymbol{b}$” と表すことができる。$A$ をこの連立方程式の**係数行列**、$(m, n+1)$ 型行列 $\widetilde{A} = (A|\boldsymbol{b})$ を**拡大係数行列**という。

例題 48. 連立方程式

$$\begin{cases} x & +3y & = -1 \\ x & -\ y & = -5 \end{cases}$$

を行列の積を用いて $A\boldsymbol{x} = \boldsymbol{b}$ の形に表せ。また、$\widetilde{A}$ を書き下せ。

▶ 解　$\underbrace{\begin{pmatrix} 1 & 3 \\ 1 & -1 \end{pmatrix}}_{A} \underbrace{\begin{pmatrix} x \\ y \end{pmatrix}}_{\boldsymbol{x}} = \underbrace{\begin{pmatrix} -1 \\ -5 \end{pmatrix}}_{\boldsymbol{b}}$, $\widetilde{A} = \begin{pmatrix} 1 & 3 & -1 \\ 1 & -1 & -5 \end{pmatrix}$ である。

連立方程式 “$A\boldsymbol{x} = \boldsymbol{b}$” の解法手順は以下の通り。

[1] 拡大係数行列 $\widetilde{A} = (A\,|\,\boldsymbol{b})$ を書き出す

[2] $\widetilde{A}$ を階段行列に行基本変形

[3] 解が存在するかどうかを判定する。

[4] 解が存在すれば解を書き下す。解が存在しないときは、「解なし」と回答する。

フローチャート

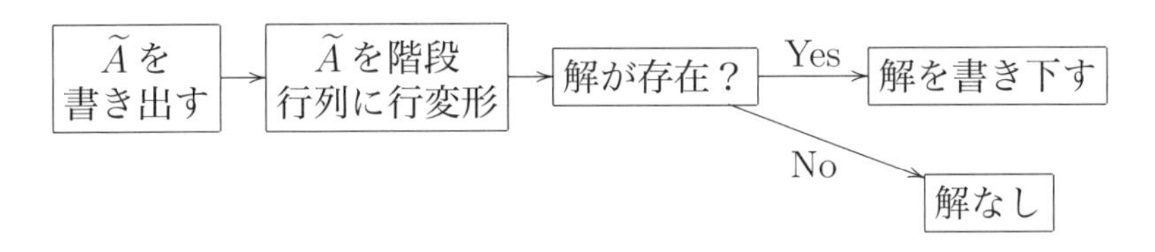

階段行列への変形法はすでに見た。問題は

- 解の存在の判定法
- （解が存在するときの）解の書き方

だが、まず解が存在するときの解き方の例を見た方が認知的に易しいと思うので、本章ではもっぱら後者を扱う。解の存在判定については次章。

7.2 連立方程式の解法例

例題 49. 行列の掃き出し法を用いて、

連立方程式 $\begin{cases} x & +3y & = -1 \\ x & -\ y & = -5 \end{cases}$ を解け。

▶ 解

$$\left(\begin{array}{cc|c} 1 & 3 & -1 \\ 1 & -1 & -5 \end{array}\right) \xrightarrow{2\text{行}-1\text{行}} \left(\begin{array}{cc|c} 1 & 3 & -1 \\ 0 & -4 & -4 \end{array}\right) \xrightarrow{2\text{行}\times\left(-\frac{1}{4}\right)} \left(\begin{array}{cc|c} 1 & 3 & -1 \\ 0 & 1 & 1 \end{array}\right)$$
$$\xrightarrow{1\text{行}-2\text{行}\times 3} \left(\begin{array}{cc|c} 1 & 0 & -4 \\ 0 & 1 & 1 \end{array}\right)$$

A **を単位行列に行変形できた。**つまり、もとの連立方程式は

$$\begin{cases} 1x & +0y & = -4 \\ 0x & +1y & = 1 \end{cases}$$

と同値である。よって、解は $\begin{pmatrix} x \\ y \end{pmatrix} = \begin{pmatrix} -4 \\ 1 \end{pmatrix}$.

例題 50. 連立方程式

$$\begin{cases} 2x & -\ y & -\ z & = 1 \\ -\ x & +2y & -\ z & = 1 \\ -\ x & -\ y & +2z & = -2 \end{cases}$$

を解け。

▶ 解　やはり、拡大係数行列を階段行列に変形する。

$$\left(\begin{array}{ccc|c} 2 & -1 & -1 & 1 \\ -1 & 2 & -1 & 1 \\ -1 & -1 & 2 & -2 \end{array}\right) \xrightarrow{1\text{行}+2\text{行}} \left(\begin{array}{ccc|c} 1 & 1 & -2 & 2 \\ -1 & 2 & -1 & 1 \\ -1 & -1 & 2 & -2 \end{array}\right)$$
$$\xrightarrow[3\text{行}+1\text{行}]{2\text{行}+1\text{行}} \left(\begin{array}{ccc|c} 1 & 1 & -2 & 2 \\ 0 & 3 & -3 & 3 \\ 0 & 0 & 0 & 0 \end{array}\right)$$
$$\xrightarrow{2\text{行}\div 3} \left(\begin{array}{ccc|c} 1 & 1 & -2 & 2 \\ 0 & 1 & -1 & 1 \\ 0 & 0 & 0 & 0 \end{array}\right)$$
$$\xrightarrow{1\text{行}-2\text{行}} \left(\begin{array}{ccc|c} 1 & 0 & -1 & 1 \\ 0 & 1 & -1 & 1 \\ 0 & 0 & 0 & 0 \end{array}\right).$$

すなわち、もとの連立方程式は

$$\begin{cases} x \quad - z = 1 \\ \quad y - z = 1 \end{cases}$$ と同値である。

この場合、変数の個数が式の個数より 1 個多いので、解の中に定数を入れて
$x = c + 1, y = c + 1, z = c$ (c は定数) と書き表す。
つまり、x, y, z のうち、どれかを定数として、残った文字をすべて c の式で表せばよい。
なお、ベクトルを用いて、解を次のように書くともっと見やすい。

$$\begin{pmatrix} x \\ y \\ z \end{pmatrix} = c \begin{pmatrix} 1 \\ 1 \\ 1 \end{pmatrix} + \begin{pmatrix} 1 \\ 1 \\ 0 \end{pmatrix} \quad (c \text{ は定数}).$$

(方向ベクトルが $\begin{pmatrix} 1 \\ 1 \\ 1 \end{pmatrix}$ で $\begin{pmatrix} 1 \\ 1 \\ 0 \end{pmatrix}$ を通る直線)

7.3　連立方程式の解

連立方程式 $A\boldsymbol{x} = \boldsymbol{b}$ の解が含む任意定数の個数を、解の**次元**と呼ぶ。

- 解の次元は、解き方によらずに一定である。
- 不等式

  $$0 \leq \text{解の次元} \leq \text{変数の個数}$$

  が成り立つ。

定理

連立方程式 $A\boldsymbol{x} = \boldsymbol{b}$, $\boldsymbol{x} = {}^t(x_1, \ldots, x_n)$ の解が存在するとき、その次元は $n - \operatorname{rank} A$ である。さらに詳しく、任意の解 $\boldsymbol{x}$ は定数 $c_1, \ldots, c_{n-r}$ ($r = \operatorname{rank} A$) と $A\boldsymbol{u}_0 = \boldsymbol{0}$ を満たすベクトル $\boldsymbol{u}_0$ と一次独立なベクトル $\boldsymbol{u}_1, \ldots, \boldsymbol{u}_{n-r}$ を用いて次のように表せる。

$$\boldsymbol{x} = c_1\boldsymbol{u}_1 + \cdots + c_{n-r}\boldsymbol{u}_{n-r} + \boldsymbol{u}_0$$

さらにいえば、次元が $0 \iff$ 解はただ1点 $\iff n = \operatorname{rank} A$.

なぜ解の次元は解き方によらないか、このような $\boldsymbol{u}_i$ や定数 c_j がとれるかは長い議論が必要なので、ここでは省略する。詳しくは川久保勝夫『線型代数学（新装版）』日本評論社、第8章を参照して欲しい。

例題 51.

4変数 x, y, z, w の連立方程式

$$\begin{cases} x +2y +3z + 4w = 3 \\ 4x +3y +2z + w = 7 \\ 2x -3y -8z -13w = -1 \\ 5x + y -3z - 7w = 6 \end{cases}$$

を考える。

この連立方程式を解け。また、解の次元を求めよ。

$$\widetilde{A} = \left(\begin{array}{cccc|c} 1 & 2 & 3 & 4 & 3 \\ 4 & 3 & 2 & 1 & 7 \\ 2 & -3 & -8 & -13 & -1 \\ 5 & 1 & -3 & -7 & 6 \end{array}\right)$$

$$\to \left(\begin{array}{cccc|c} 1 & 2 & 3 & 4 & 3 \\ 0 & -5 & -10 & -15 & -5 \\ 0 & -7 & -14 & -21 & -7 \\ 0 & -9 & -18 & -27 & -9 \end{array}\right)$$

$$\to \left(\begin{array}{cccc|c} 1 & 2 & 3 & 4 & 3 \\ 0 & 1 & 2 & 3 & 1 \\ 0 & -7 & -14 & -21 & -7 \\ 0 & -9 & -18 & -27 & -9 \end{array}\right)$$

$$\to \left(\begin{array}{cccc|c} 1 & 0 & -1 & -2 & 1 \\ 0 & 1 & 2 & 3 & 1 \\ 0 & 0 & 0 & 0 & 0 \\ 0 & 0 & 0 & 0 & 0 \end{array}\right)$$

より、解は

$$\begin{pmatrix} x \\ y \\ z \\ w \end{pmatrix} = c_1 \begin{pmatrix} 1 \\ -2 \\ 1 \\ 0 \end{pmatrix} + c_2 \begin{pmatrix} 2 \\ -3 \\ 0 \\ 1 \end{pmatrix} + \begin{pmatrix} 1 \\ 1 \\ 0 \\ 0 \end{pmatrix}, \ c_1, c_2 \text{ は定数}$$

である。上の記号でいうと

$$\boldsymbol{u}_0 = \begin{pmatrix} 1 \\ 1 \\ 0 \\ 0 \end{pmatrix}, \boldsymbol{u}_1 = \begin{pmatrix} 1 \\ -2 \\ 1 \\ 0 \end{pmatrix}, \boldsymbol{u}_2 = \begin{pmatrix} 2 \\ -3 \\ 0 \\ 1 \end{pmatrix}$$

ということになる。

7.4　解の表示法

ここで、連立一次方程式の解の書き方のルールを確認しておく。

> ルール：解は必ず $x_1 = \cdots, x_2 = \cdots, \ldots, x_n = \cdots$ の形に書き、$\cdots$ の部分が変数自身を含まないようにする。ただし、文字の個数が式の個数より多いときは定数を導入して解を書き表す。

例えば

$$\begin{cases} x \quad - z = 1 \\ \quad y - z = 1 \end{cases}$$

ならば、

$$x = c + 1, y = c + 1, z = c \qquad (c \text{ は定数})$$

とする。あるいは

$$x = t, y = t, z = t - 1 \qquad (t \text{ は定数})$$

としてももちろん正解である。このようなルールを作っておかないと、連立方程式$\begin{cases} x \quad - z = 1 \\ \quad y - z = 1 \end{cases}$ の解は

$$\begin{cases} x \quad - z = 1 \\ \quad y - z = 1 \end{cases} \quad \text{を満たす } x, y, z \text{ の集合です}$$

というトートロジーもまかり通ってしまうので、本書ではこのルールを定めておく。

7.5 階段行列再考

ズバリ、学生からの FAQ は階段行列の定義である。

学生： 階段行列ってどういう行列ですか？

先生： うーん、説明した通りなんだけど…

ここでもう一度、異なる視点からの同値な定義を書いておく。

階段行列

A が**階段行列**であるとは、$A = \left(\begin{array}{c|c} X & Y \\ \hline Z & W \end{array}\right)$ と 4 つの行列ブロックに分けられて、しかも次の条件を満たすことである。

[1] Z と W の行ベクトルはすべて零ベクトル。

[2] X のすべての行に主成分が存在する。（したがって、X の行はどれも零ベクトルでない）主成分は 1 である。しかも、主成分の左、上、下の成分はすべて 0 である。

[3] $\operatorname{rank} A = X$ の行の個数

[4] 2 つの主成分の位置は必ず左上、右下という関係にある。つまり、a_{ij} と a_{kl} が A の異なる主成分ならば、$i < k \iff j < l$.

注意：

- Y には何の制限もない。
- X, Y, Z, W のどれかが空行列でもよい。

例：$\left(\begin{array}{cccc|c} \boxed{1} & 3 & 0 & 0 & 6 \\ 0 & 0 & \boxed{1} & 0 & 5 \\ 0 & 0 & 0 & \boxed{1} & 10 \\ \hline 0 & 0 & 0 & 0 & 0 \end{array}\right)$ はランク 3, $\left(\begin{array}{cc|cc} \boxed{1} & 0 & 4 & 5 \\ 0 & \boxed{1} & 8 & -1 \\ \hline 0 & 0 & 0 & 0 \\ 0 & 0 & 0 & 0 \end{array}\right)$ はランク 2,

$\left(\begin{array}{cccc|} 0 & \boxed{1} & -2 & 0 \\ 0 & 0 & 0 & \boxed{1} \\ \hline 0 & 0 & 0 & 0 \end{array}\right)$ はランク 2, $\left(\begin{array}{cccc|} \boxed{1} & 0 & 2 & 0 \\ 0 & \boxed{1} & -3 & 0 \\ 0 & 0 & 0 & \boxed{1} \\ \hline \end{array}\right)$ はランク 3 の階段行列。

7.6　rank の解釈

インフォーマルには、rank を次のように解釈してもよい。

m 個の式をもつ連立一次方程式 “$A\boldsymbol{x} = \boldsymbol{b}$” は、**式どうしを足したり引いたりして式の個数を減らすことができる**：個数を減らすというのは、行変形を繰り返してゼロベクトルを作ることといってもよい (実は、これが A の行ベクトルの一次独立性に通じる)。すると、いくらやってももうこれ以上減らせないという状況があるはずである。そのときの式の個数を r とする。(当然、$0 \leq r \leq m$) 実は、この r が rank A に等しい。つまり、$m - r$ 個の式は $A\boldsymbol{x} = \boldsymbol{b}$ の解決のヒントになっていない（他の r 個の式を考えるだけで十分であり、それ以上に論理的に新しい情報を提供していない）と解釈してもよい。非常に簡単なアイディアだが、このような説明がないとすぐにこう認識するのは難しいかもしれない。「コロンブスの卵」のいい例だ。

7.7 演習問題

拡大係数行列を階段行列に行変形して、次の連立方程式を解け。

問題 37.

$$\begin{cases} 3x + 7y = 1 \\ -x - 2y = 0 \end{cases}$$

問題 38.

$$\begin{cases} x + 2y = 5 \\ -3x - 6y = -15 \end{cases}$$

問題 39.

$$\begin{cases} 0x + 0y = 0 \\ 0x + 0y + 0z = 0 \\ +0y + 0z = 0 \end{cases}$$

問題 40.

$$\begin{cases} x - 2y + 2z = 4 \\ 3x - 6y - 5z = 1 \\ -x + 2y - 7z = -9 \end{cases}$$

問題 41.

$$\begin{cases} 5x + y + 2z + 7w = -2 \\ 2x - y + 5z = 9 \\ -3x + 2y - z - 7w = 7 \end{cases}$$

問題 42.

$$\begin{cases} 3x - 6y + 9z = 6 \\ x - 2y + 3z = 2 \\ -2x + 4y - 6z = -4 \\ 7x - 14y + 21z = 14 \end{cases}$$

7.8　演習問題解答

解答 37. $x = -2, y = 1.$

解答 38. $x = -2c + 5, y = c$, c は定数。

解答 39. すべての実数の組 (x, y, z). もし定数を使って書くならば、$x = a, y = b, z = c$（a, b, c は定数）.

解答 40. $x = 2c + 2, y = c, z = 1$, c は定数。

解答 41. $x = -2c - 2, y = c + 2, z = c + 3, w = c$, c は定数。

解答 42. $x = 2c - 3d + 2, y = c, z = d$, c, d は定数。

第8章　連立一次方程式：応用

8.1　その他の標準形

すでに見た階段行列を「標準形１」と呼ぶことにする。これと関連して２つの標準形がある。

標準形２

どんな行列 A も何回かの行基本変形と列の交換によって次の形の行列に変形できる：

$$\left(\begin{array}{c|c} E_r & * \\ \hline O & O \end{array}\right).\quad \text{ただし、} r = \operatorname{rank} A \text{ である。}$$

証明： A を階段行列にすると、$\left(\begin{array}{c|c} X & Y \\ \hline O & O \end{array}\right)$ の形になる。さらに、列の交換をして X の主成分をなるべく左にもってくればよい。

標準形３

どんな行列 A も何回かの行基本変形と列基本変形によって次の形の行列に変形できる：

$$\left(\begin{array}{c|c} E_r & O \\ \hline O & O \end{array}\right).\quad \text{ただし、} r = \operatorname{rank} A \text{ である。}$$

証明： A を $\left(\begin{array}{c|c} E_r & * \\ \hline O & O \end{array}\right)$ の形にしたあと、$1 \sim r$ 行を主成分を用いて掃き出せばよい。

例題 52. $A = \begin{pmatrix} 1 & -1 & -1 \\ -2 & 2 & 3 \\ -4 & 4 & -2 \\ 1 & -1 & 0 \end{pmatrix}$ を標準形２、標準形３に変形せよ。

▶ 解　まずは階段行列にする。そのあと列の変形を用いる。

$$A = \begin{pmatrix} 1 & -1 & -1 \\ -2 & 2 & 3 \\ -4 & 4 & -2 \\ 1 & -1 & 0 \end{pmatrix}$$

$$\longrightarrow \begin{pmatrix} 1 & -1 & -1 \\ 0 & 0 & 1 \\ 0 & 0 & -6 \\ 0 & 0 & 1 \end{pmatrix} \longrightarrow \underbrace{\left(\begin{array}{cc|c} 1 & -1 & 0 \\ 0 & 0 & 1 \\ \hline 0 & 0 & 0 \\ 0 & 0 & 0 \end{array}\right)}_{\text{標準形 1}}$$

$$\xrightarrow{2\text{ 列} \leftrightarrow 3\text{ 列}} \underbrace{\left(\begin{array}{cc|c} 1 & 0 & -1 \\ 0 & 1 & 0 \\ \hline 0 & 0 & 0 \\ 0 & 0 & 0 \end{array}\right)}_{\text{標準形 2}} \xrightarrow{3\text{ 列} + 1\text{ 列}} \underbrace{\left(\begin{array}{cc|c} 1 & 0 & 0 \\ 0 & 1 & 0 \\ \hline 0 & 0 & 0 \\ 0 & 0 & 0 \end{array}\right)}_{\text{標準形 3}}.$$

標準形 3 の議論から、次の定理が得られる。

$$\boxed{\text{定理：} \operatorname{rank} A = \operatorname{rank} {}^t\!A\,.}$$

証明：　A を (m, n) 型行列、$r = \operatorname{rank} A$ とすると、A の標準形 3 は $\left(\begin{array}{c|c} E_r & O_{r,n-r} \\ \hline O_{m-r,r} & O_{m-r,n-r} \end{array}\right)$ である。行と列を完全に入れ替えて考えることにより、${}^t\!A$ の標準形 3 は $\left(\begin{array}{c|c} E_r & O_{r,m-r} \\ \hline O_{n-r,r} & O_{n-r,m-r} \end{array}\right)$ である。これは、$\operatorname{rank} A = r = \operatorname{rank} {}^t\!A$ を示す。

8.2　解の存在条件

例題 53. 連立方程式

$$\begin{cases} 2x & +8y & = 4 \\ x & +4y & = -2 \end{cases}$$

を解け。

▶ 解　拡大係数行列を階段化すると、

$$\left(\begin{array}{cc|c} 2 & 8 & 4 \\ 1 & 4 & -2 \end{array}\right) \longrightarrow \left(\begin{array}{cc|c} 1 & 4 & 2 \\ 1 & 4 & -2 \end{array}\right) \longrightarrow \left(\begin{array}{cc|c} 1 & 4 & 2 \\ 0 & 0 & -4 \end{array}\right) \longrightarrow \left(\begin{array}{cc|c} 1 & 4 & 0 \\ 0 & 0 & 1 \end{array}\right).$$

ところが、最後の行列の２行が意味するのは方程式

$$\text{“}0x + 0y = 1\text{”}.$$

これはどんな x, y についても成立しないので「解なし」

要するに、

$$\operatorname{rank}\begin{pmatrix} 1 & 4 \\ 0 & 0 \end{pmatrix} = 1 < 2 = \operatorname{rank}\left(\begin{array}{cc|c} 1 & 4 & 0 \\ 0 & 0 & 1 \end{array}\right)$$

という不等号が成り立つ。このようにして、一般のケースでも係数行列と拡大係数行列のランクの差によって解の有無を判定できる。

> 定理：連立方程式 $A\boldsymbol{x} = \boldsymbol{b}$ の拡大係数行列を $\widetilde{A} = (A|\boldsymbol{b})$ とする。
> この連立方程式に解が存在する $\iff$ $\operatorname{rank} A = \operatorname{rank} \widetilde{A}$.

証明：変数の順序を変えることにより、A は階段行列

$$\left(\begin{array}{c|c} E_r & Y \\ \hline O & O \end{array}\right), \quad r = \operatorname{rank} A$$

の形に変形できるはずである。さらに、まったく同じ変形を $\widetilde{A}$ に行うと、

$$\left(\begin{array}{c|c|c} & & d_1 \\ E_r & Y & \vdots \\ & & d_r \\ \hline & & d_{r+1} \\ O & O & \vdots \\ & & d_n \end{array}\right) \quad \text{の形にできる。}$$

ここで、もし $d_{r+1}, \ldots, d_n$ の中に 0 でないものが存在すれば、

$$0x_1 + \cdots + 0x_n \neq 0$$

が成り立つことになり、連立方程式の解は存在しない。また、ここで、$d_{r+1} = \cdots = d_n = 0$ ならば、

$$x_{r+1} = c_{r+1}, x_{r+2} = c_{r+2}, \dots, x_n = c_n \ (\text{各 } c_k \text{ は定数})$$

として、x_j $(1 \leq j \leq r)$ は $n - r$ 個の定数 $c_{r+1}, \dots, c_n$ の一次式で表せるので解が存在する。最後に、

$$\begin{pmatrix} d_{r+1} \\ \vdots \\ d_n \end{pmatrix} = \begin{pmatrix} 0 \\ \vdots \\ 0 \end{pmatrix} \iff \operatorname{rank} A = \operatorname{rank} \widetilde{A}$$

であることを用いれば、証明が終わる。

例題 54. 連立方程式

$$\begin{cases} 2x + y - z = 3 \\ x - y - 2z = -3 \\ -x + 3y + 4z = 5 \end{cases}$$

には解が存在しないことを $\operatorname{rank} A$, $\operatorname{rank} \widetilde{A}$ を計算して確かめよ。

▶ 解　方針：連立方程式を解くのと同じ方針で進める。$\widetilde{A}$ を階段化すると

$$\widetilde{A} = \left(\begin{array}{ccc|c} 2 & 1 & -1 & 3 \\ 1 & -1 & -2 & -3 \\ -1 & 3 & 4 & 5 \end{array}\right)$$

$$\longrightarrow \left(\begin{array}{ccc|c} 1 & -1 & -2 & -3 \\ 2 & 1 & -1 & 3 \\ -1 & 3 & 4 & 5 \end{array}\right)$$

$$\longrightarrow \left(\begin{array}{ccc|c} 1 & -1 & -2 & -3 \\ 0 & 3 & 3 & 9 \\ 0 & 2 & 2 & 2 \end{array}\right)$$

$$\longrightarrow \left(\begin{array}{ccc|c} 1 & -1 & -2 & -3 \\ 0 & 1 & 1 & 3 \\ 0 & 2 & 2 & 2 \end{array}\right)$$

$$\longrightarrow \left(\begin{array}{ccc|c} 1 & 0 & -1 & 0 \\ 0 & 1 & 1 & 3 \\ 0 & 0 & 0 & -4 \end{array}\right)$$

$$\longrightarrow \left(\begin{array}{ccc|c} 1 & 0 & -1 & 0 \\ 0 & 1 & 1 & 3 \\ 0 & 0 & 0 & 1 \end{array}\right)$$

$$\longrightarrow \left(\begin{array}{ccc|c} 1 & 0 & -1 & 0 \\ 0 & 1 & 1 & 0 \\ 0 & 0 & 0 & 1 \end{array}\right)$$

となり

$$\mathrm{rank}\, A = 2 < 3 = \mathrm{rank}\, \widetilde{A}$$

なので、解は存在しない。

例題 55. 次の連立方程式が解を持つように a の値を定めよ。

$$\begin{cases} 2x & +\ y & -z & = 1 \\ x & +\ y & & = 2 \\ 3x & +2y & -z & = a \end{cases}$$

▶ 解　$\widetilde{A}$ を階段化していく。

$$\widetilde{A} = \left(\begin{array}{ccc|c} 2 & 1 & -1 & 1 \\ 1 & 1 & 0 & 2 \\ 3 & 2 & -1 & a \end{array}\right) \to \left(\begin{array}{ccc|c} 1 & 1 & 0 & 2 \\ 2 & 1 & -1 & 1 \\ 3 & 2 & -1 & a \end{array}\right)$$
$$\to \left(\begin{array}{ccc|c} 1 & 1 & 0 & 2 \\ 0 & -1 & -1 & -3 \\ 0 & -1 & -1 & a-6 \end{array}\right) \to \left(\begin{array}{ccc|c} 1 & 1 & 0 & 2 \\ 0 & 1 & 1 & 3 \\ 0 & -1 & -1 & a-6 \end{array}\right)$$
$$\to \left(\begin{array}{ccc|c} 1 & 0 & -1 & -1 \\ 0 & 1 & 1 & 3 \\ 0 & 0 & 0 & a-3 \end{array}\right).$$

$\mathrm{rank}\, A = \mathrm{rank}\, \widetilde{A}$, すなわち $0x + 0y + 0z = a - 3$ が成り立つためには $a = 3$ でなくてはならない。

8.3　同次形の連立方程式

定数ベクトルがゼロベクトル、つまり、“$A\boldsymbol{x} = \boldsymbol{0}$” の形の連立一次方程式を**同次形**と呼ぶ。同次形の場合は必ず解が存在する（なぜか？ それは、$\boldsymbol{x} = \boldsymbol{0}$ とすると $A\boldsymbol{0} = \boldsymbol{0}$ となるから）。$\boldsymbol{x} = \boldsymbol{0}$ を同次形連立方程式 $A\boldsymbol{x} = \boldsymbol{0}$ の**自明な解**という。同次形の場合は、拡大係数行列の変形の計算が少し簡単になる。

例題 56. 次の同次形連立方程式を解け。

$$\begin{cases} 2x & +3y & +\ z & = 0 \\ -4x & +\ y & +5z & = 0 \\ -\ x & +2y & +3z & = 0 \end{cases}$$

▶ 解　$\widetilde{A}=\left(\begin{array}{ccc|c} 2 & 3 & 1 & 0 \\ -4 & 1 & 5 & 0 \\ -1 & 2 & 3 & 0 \end{array}\right)$ を行変形していってもよいが、どうせ 4 列めはすべて 0 なので、行変形しても何も変わらない。よって、省略してもよい。

$$A=\begin{pmatrix} 2 & 3 & 1 \\ -4 & 1 & 5 \\ -1 & 2 & 3 \end{pmatrix} \longrightarrow \begin{pmatrix} 1 & 5 & 4 \\ -4 & 1 & 5 \\ -1 & 2 & 3 \end{pmatrix}$$

$$\longrightarrow \begin{pmatrix} 1 & 5 & 4 \\ 0 & 21 & 21 \\ 0 & 7 & 7 \end{pmatrix} \longrightarrow \begin{pmatrix} 1 & 5 & 4 \\ 0 & 1 & 1 \\ 0 & 7 & 7 \end{pmatrix}$$

$$\longrightarrow \begin{pmatrix} 1 & 0 & -1 \\ 0 & 1 & 1 \\ 0 & 0 & 0 \end{pmatrix}.$$

これは $\begin{cases} x \quad -z = 0 \\ \quad y + z = 0 \end{cases}$ という方程式と同値だから、解は $x=c, y=-c, z=c$,（c は定数）である。

8.4　応用：ランクと一次独立性

同次連立方程式の解の議論から、ランクで係数行列のベクトルの一次独立性を判定することができる。

ランクと一次独立性

A を n 次正方行列、その列ベクトルを $\boldsymbol{a}_1, \ldots, \boldsymbol{a}_n$ とする。
次は同値である：

[1] $\operatorname{rank} A = n$

[2] $\boldsymbol{a}_1, \ldots, \boldsymbol{a}_n$ は一次独立。

証明：両方とも方程式 $A\boldsymbol{x}=\boldsymbol{0}$ が自明でない解をもつことと同値である。

例題 57. 3 次元列ベクトル

$$\boldsymbol{a}_1=\begin{pmatrix} 4 \\ 1 \\ 7 \end{pmatrix}, \boldsymbol{a}_2=\begin{pmatrix} 7 \\ 2 \\ 12 \end{pmatrix}, \boldsymbol{a}_3=\begin{pmatrix} 1 \\ 1 \\ 1 \end{pmatrix}$$

が一次独立かどうか、これらでできた行列のランクを計算することで判定せよ。

▶ 解　まず、

$$\lambda_1 \boldsymbol{a}_1 + \lambda_2 \boldsymbol{a}_2 + \lambda_3 \boldsymbol{a}_3 = \boldsymbol{0} \quad (\lambda_1, \lambda_2, \lambda_3 \text{は実数})$$

と仮定する。これは連立方程式

$$\begin{cases} 4\lambda_1 + 7\lambda_2 + \lambda_3 = 0 \\ \lambda_1 + 2\lambda_2 + \lambda_3 = 0 \\ 7\lambda_1 + 12\lambda_2 + \lambda_3 = 0 \end{cases}$$

と同値である。

係数行列のランクを計算すると、$\mathrm{rank}\begin{pmatrix} 4 & 7 & 1 \\ 1 & 2 & 1 \\ 7 & 12 & 1 \end{pmatrix} = 2 < 3$. よって、$\boldsymbol{a}_1, \boldsymbol{a}_2, \boldsymbol{a}_3$ は一次従属である。

連立方程式を解くと、解 $\lambda_1 = 5c, \lambda_2 = -3c, \lambda_3 = c$（$c$ は定数）から（例えば $c = 1$ として）自明でない解 $(\lambda_1, \lambda_2, \lambda_3) = (5, -3, 1)$ の存在がわかる。すなわち、

$$5\boldsymbol{a}_1 - 3\boldsymbol{a}_2 + \boldsymbol{a}_3 = \boldsymbol{0}$$

であるから、$\boldsymbol{a}_1, \boldsymbol{a}_2, \boldsymbol{a}_3$ は一次従属ということ。

例題 58. $\boldsymbol{a}, \boldsymbol{b}, \boldsymbol{c}$ を同じ型のベクトルとする。これらが一次独立のとき $\boldsymbol{a}+\boldsymbol{b}, \boldsymbol{b}+\boldsymbol{c}, \boldsymbol{c}+\boldsymbol{a}$ も一次独立であることを示せ。

▶ 解　まず、

$$\lambda_1(\boldsymbol{a}+\boldsymbol{b}) + \lambda_2(\boldsymbol{b}+\boldsymbol{c}) + \lambda_3(\boldsymbol{c}+\boldsymbol{a}) = \boldsymbol{0} \quad (\lambda_1, \lambda_2, \lambda_3 \text{ は実数})$$

と仮定する。$\boldsymbol{a}, \boldsymbol{b}, \boldsymbol{c}$ について整理すると、

$$(\lambda_1 + \lambda_3)\boldsymbol{a} + (\lambda_1 + \lambda_2)\boldsymbol{b} + (\lambda_2 + \lambda_3)\boldsymbol{c} = \boldsymbol{0}.$$

$\boldsymbol{a}, \boldsymbol{b}, \boldsymbol{c}$ は一次独立なので、

$$\begin{cases} \lambda_1 + \lambda_3 = 0 \\ \lambda_1 + \lambda_2 = 0 \\ \lambda_2 + \lambda_3 = 0 \end{cases}$$

が成り立つ。

ところが、$\mathrm{rank}\begin{pmatrix} 1 & 0 & 1 \\ 1 & 1 & 0 \\ 0 & 1 & 1 \end{pmatrix} = 3$ なので、この方程式には自明な解しか存在しない。すなわち、$\lambda_1 = \lambda_2 = \lambda_3 = 0$. よって $\boldsymbol{a}+\boldsymbol{b}, \boldsymbol{b}+\boldsymbol{c}, \boldsymbol{c}+\boldsymbol{a}$ は一次独立。

8.5　演習問題

問題 43. 行列の掃き出し法を利用して、次の同次連立方程式を解け。

$$\begin{cases} x - 3y - z = 0 \\ -2x + 6y + z = 0 \\ -5x + 15y + 4z = 0 \end{cases}$$

問題 44. 次の連立方程式を解け。ただし、解が存在しないこともある。

$$\begin{cases} 3x - y + z = 4 \\ x + 5y + 3z = 4 \\ 2x - 4y - z = -2 \end{cases}$$

問題 45. 次の連立方程式が解を持つように a の値を定めよ。

$$\begin{cases} x + 3y - 2z = 2 \\ 2x + 7y - 4z = 3 \\ 3x + 7y - 6z = a \end{cases}$$

問題 46. 2 種類の定数 a, b を含む x, y, z についての連立方程式を考える。

$$\begin{pmatrix} 1 & 3 & 1 \\ 1 & 2 & 0 \\ -2 & -3 & 1 \end{pmatrix} \begin{pmatrix} x \\ y \\ z \end{pmatrix} = \begin{pmatrix} 1 \\ a \\ b \end{pmatrix}$$

方程式が解を持つために a, b が満たすべき関係式を求めよ。

問題 47. 次のベクトルが一次独立かどうか、ランクを計算して判定せよ。

[1] $\begin{pmatrix} 1 \\ 1 \\ 1 \end{pmatrix}, \begin{pmatrix} 0 \\ 0 \\ 1 \end{pmatrix}, \begin{pmatrix} 0 \\ 1 \\ 1 \end{pmatrix}$

[2] $\begin{pmatrix} 4 \\ 4 \\ 4 \end{pmatrix}, \begin{pmatrix} 5 \\ 7 \\ 9 \end{pmatrix}, \begin{pmatrix} -10 \\ -30 \\ -50 \end{pmatrix}$

8.6 演習問題解答

解答 43. $x = 3c, y = c, z = 0,$ （c は定数）

解答 44. 解なし。

解答 45. $a = 8.$

解答 46. $3a + b - 1 = 0.$

解答 47. [1] はランク 3 なので一次独立。[2] はランク 2 なので一次従属。

8.7　連立一次方程式まとめ

連立方程式 "$A\boldsymbol{x} = \boldsymbol{b}$" を解くには：拡大係数行列 $\widetilde{A}$ を書き出す → 行変形のみで階段行列にする → 解を求める。

イメージ

- 式の個数が多くなるほど、解は少なくなる。
- rank A はその連立方程式を解くために必要な式の最小の個数。

[1]「解」は必ずしも1点とは限らない。題意を満たすベクトル $\boldsymbol{x}$ をすべて見つけるのが「解く」ということの厳密な意味。解が2点以上あるときは、任意定数を用いて解を表す。

[2] $\mathrm{rank}\,A = \mathrm{rank}\,\widetilde{A} \iff$ 解が存在
解が存在するとき、(変数の個数) − rank A が解の任意定数の個数（次元)。

[3] 階段行列への変形：なるべく簡明な手順&計算法を見つけよう。例えば、掃き出すときの「要」には、できるだけ1を用いる。必要ならば行を交換、あるいは定数倍してもよい。ただし、分数が出てくるのを100％避ける方法はない。

連立方程式	rank A	rank $\widetilde{A}$	解が存在？	変数の個数	解の任意定数の個数
$\begin{cases} x - y - 2z = 5 \\ x + 2y - z = 1 \\ 3y - 4z = 6 \end{cases}$	3	3	Yes	3	$3-3=0$
$\begin{cases} 2x - y - z = 1 \\ -x + 2y - z = 1 \\ -x - y + 2z = -2 \end{cases}$	2	2	Yes	3	$3-2=1$
$\begin{cases} 2x - y - z = 1 \\ -x + 2y - z = 1 \\ -x - y + 2z = 1 \end{cases}$	2	3	No	3	――
$\begin{cases} 3x - 6y + 9z = 6 \\ x - 2y + 3z = 2 \\ -2x + 4y - 6z = -4 \end{cases}$	1	1	Yes	3	$3-1=2$

第9章　逆行列と基本行列

9.1　逆行列

A を n 次正方行列とする。

$$AX = XA = E_n$$

を満たす行列 X を A の**逆行列**と呼び、A^{-1}（エーインバース）で表す (※実際には、$AX = E_n$ または $XA = E_n$ の**片方**を満たせばよい)。A の逆行列は、存在すればひとつしかない。

$$\text{例えば、}\begin{pmatrix} 2 & 1 \\ 5 & 3 \end{pmatrix}\begin{pmatrix} 3 & -1 \\ -5 & 2 \end{pmatrix} = \begin{pmatrix} 1 & 0 \\ 0 & 1 \end{pmatrix} = E_2 \text{ なので、}$$

$$\begin{pmatrix} 2 & 1 \\ 5 & 3 \end{pmatrix}^{-1} = \begin{pmatrix} 3 & -1 \\ -5 & 2 \end{pmatrix} \left(\text{と同時に} \begin{pmatrix} 3 & -1 \\ -5 & 2 \end{pmatrix}^{-1} = \begin{pmatrix} 2 & 1 \\ 5 & 3 \end{pmatrix} \text{ でもある} \right).$$

問題となるのは、正方行列 A が与えられたとき

- A^{-1} が存在するための必要十分条件は何か。
- もし A^{-1} が存在するならば、どうやってそれを計算するか。

である。

2次の場合は、すでに見たように逆行列の存在の有無の判定と計算は非常に簡明である：$A = \begin{pmatrix} a & b \\ c & d \end{pmatrix}$ とすると、

$$A^{-1} \text{ が存在 } \iff ad - bc \neq 0.$$

特に、$ad - bc \neq 0$ のとき、

$$\begin{pmatrix} a & b \\ c & d \end{pmatrix}^{-1} = \frac{1}{ad - bc}\begin{pmatrix} d & -b \\ -c & a \end{pmatrix}.$$

実数 $ad-bc$ の値を $\begin{pmatrix} a & b \\ c & d \end{pmatrix}$ の**行列式**という。実数の世界では、ある値 x が 0 でないことは「x^{-1} が存在する」と言い換えてもよい。すると、不思議なことに

$$(ad-bc)^{-1}\text{が存在する} \iff A^{-1}\text{が存在する}$$

という 1 次元と 2 次元で似た形の主張の同値性が成り立つ（実は、この議論は 3 次元以上でも類似がある）。

3 次以上だと、逆行列を求めるのはとたんに難しく…なりそうだが、実は簡単な方法がある。これが本章のメインテーマだ。

重要：掃き出し法を利用して逆行列を求めることができる。それだけでなく、実際には逆行列の存在の有無までも判定できる。

9.2　逆行列の計算法（&存在判定法）

実は、逆行列の存在は rank と密接な関係にある：

定理（rank と逆行列の関係）

A を n 次正方行列とする。次は同値である。

[1] $\operatorname{rank} A = n$

[2] ある行列 X が存在して、$XA = E_n$ が成り立つ。（つまり、A^{-1} が存在）

ひとまずこの証明はあとまわしにする。まずは、逆行列の計算法を見ていこう。

逆行列の求め方：A を n 次正方行列とする。まず、同じ型の単位行列 E_n を並べて、$n \times (2n)$ 型行列 $(A \mid E_n)$ を作る。次に、これを何回か（列変形はせずに）行基本変形して、左半分を E_n にする（もちろん、これは $\operatorname{rank} A = n$ のときのみ可能。$\operatorname{rank} A < n$ のときは逆行列は存在しない）。その結果の右半分の行列が A^{-1} である。

例題 59. $A = \begin{pmatrix} 2 & 1 & 1 \\ 1 & 1 & 2 \\ -3 & -1 & 1 \end{pmatrix}$ とする。掃き出し法で A^{-1} を求めよ。

▶ 解　まず、上の手順にしたがって行列

$$(A|E_3) = \left(\begin{array}{ccc|ccc} 2 & 1 & 1 & 1 & 0 & 0 \\ 1 & 1 & 2 & 0 & 1 & 0 \\ -3 & -1 & 1 & 0 & 0 & 1 \end{array}\right)$$

を作る。左半分が単位行列になるように行変形をしていく。

$$\left(\begin{array}{ccc|ccc} 2 & 1 & 1 & 1 & 0 & 0 \\ 1 & 1 & 2 & 0 & 1 & 0 \\ -3 & -1 & 1 & 0 & 0 & 1 \end{array}\right) \xrightarrow{1\text{行}-2\text{行}} \left(\begin{array}{ccc|ccc} 1 & 0 & -1 & 1 & -1 & 0 \\ 1 & 1 & 2 & 0 & 1 & 0 \\ -3 & -1 & 1 & 0 & 0 & 1 \end{array}\right)$$

$$\xrightarrow[3\text{行}+1\text{行}\times 3]{2\text{行}-1\text{行}} \left(\begin{array}{ccc|ccc} 1 & 0 & -1 & 1 & -1 & 0 \\ 0 & 1 & 3 & -1 & 2 & 0 \\ 0 & -1 & -2 & 3 & -3 & 1 \end{array}\right)$$

$$\xrightarrow[3\text{行}+2\text{行}]{} \left(\begin{array}{ccc|ccc} 1 & 0 & -1 & 1 & -1 & 0 \\ 0 & 1 & 3 & -1 & 2 & 0 \\ 0 & 0 & 1 & 2 & -1 & 1 \end{array}\right)$$

$$\xrightarrow[2\text{行}-3\text{行}\times 3]{1\text{行}+3\text{行}} \left(\begin{array}{ccc|ccc} 1 & 0 & 0 & 3 & -2 & 1 \\ 0 & 1 & 0 & -7 & 5 & -3 \\ 0 & 0 & 1 & 2 & -1 & 1 \end{array}\right)$$

したがって、　$A^{-1} = \begin{pmatrix} 3 & -2 & 1 \\ -7 & 5 & -3 \\ 2 & -1 & 1 \end{pmatrix}$.

もう 1 問。今度は結論が否定的になるケース。

例題 60. $B = \begin{pmatrix} 2 & 1 & 1 \\ 1 & 1 & 2 \\ -3 & -2 & -3 \end{pmatrix}$ とする。
掃き出し法を用いて B^{-1} が存在するかどうか判定し、存在するときはそれを求めよ。

▶ 解

$$(B|E_3) = \left(\begin{array}{ccc|ccc} 2 & 1 & 1 & 1 & 0 & 0 \\ 1 & 1 & 2 & 0 & 1 & 0 \\ -3 & -2 & -3 & 0 & 0 & 1 \end{array}\right)$$

$$\xrightarrow{1\text{行}-2\text{行}} \left(\begin{array}{ccc|ccc} 1 & 0 & -1 & 1 & -1 & 0 \\ 1 & 1 & 2 & 0 & 1 & 0 \\ -3 & -2 & -3 & 0 & 0 & 1 \end{array}\right)$$

$$\xrightarrow[3\text{行}-1\text{行}\times 3]{2\text{行}-1\text{行}} \left(\begin{array}{ccc|ccc} 1 & 0 & -1 & 1 & -1 & 0 \\ 0 & 1 & 3 & -1 & 2 & 0 \\ 0 & -2 & -6 & 3 & -3 & 1 \end{array}\right)$$

$$\xrightarrow{3\text{行}+2\text{行}\times 2} \left(\begin{array}{ccc|ccc} 1 & 0 & -1 & 1 & -1 & 0 \\ 0 & 1 & 3 & -1 & 2 & 0 \\ 0 & 0 & 0 & 1 & 1 & 1 \end{array}\right).$$

よって、$\operatorname{rank} B = 2 < 3$ なので、B^{-1} は存在しないことが結論できた。

ではなぜこの方法で逆行列の有無を判定したり、計算したりできるのだろうか？
詳しい説明には、「基本行列」というコンセプトが必要である。

9.3　基本行列

基本行列とは、単位行列をちょうど1度だけ基本変形した行列のことである。

例題 61. 3次の基本行列の例を挙げよ。

▶ 解　3次の単位行列は $\begin{pmatrix} 1 & 0 & 0 \\ 0 & 1 & 0 \\ 0 & 0 & 1 \end{pmatrix}$ であるから、基本行列の例として

$$P_1 = \begin{pmatrix} 1 & 0 & 0 \\ 0 & 7 & 0 \\ 0 & 0 & 1 \end{pmatrix}, P_2 = \begin{pmatrix} 0 & 0 & 1 \\ 0 & 1 & 0 \\ 1 & 0 & 0 \end{pmatrix}, P_3 = \begin{pmatrix} 1 & 0 & 0 \\ 0 & 1 & 100 \\ 0 & 0 & 1 \end{pmatrix}$$

などがある。なお、また単位行列 $\begin{pmatrix} 1 & 0 & 0 \\ 0 & 1 & 0 \\ 0 & 0 & 1 \end{pmatrix}$ 自身も基本行列である。

定理

行列 A に対する1度の**行**基本変形は、1つの基本行列を A の**左から**かけることと同値である。($A \xrightarrow{\text{行基本変形}} B \iff B = PA,\ P$ は基本行列)

例題 62. $A = \begin{pmatrix} 1 & 4 \\ 2 & 5 \\ 3 & 6 \end{pmatrix}, E_3 = \begin{pmatrix} 1 & 0 & 0 \\ 0 & 1 & 0 \\ 0 & 0 & 1 \end{pmatrix}$ とおく。A と例題61の P_1, P_2, P_3 の積を基本変形で解釈せよ。

▶ 解　以下の通り、$\widetilde{A}$ に対する行基本変形と、$\widetilde{A}$ と基本行列との積が対応する(基本行列が左側に来る)。

$$P_1 A = \underbrace{\begin{pmatrix} 1 & 0 & 0 \\ 0 & 7 & 0 \\ 0 & 0 & 1 \end{pmatrix}}_{E_3\text{ の 2 行を 7 倍}} \begin{pmatrix} 1 & 4 \\ 2 & 5 \\ 3 & 6 \end{pmatrix} = \underbrace{\begin{pmatrix} 1 & 4 \\ 14 & 35 \\ 3 & 6 \end{pmatrix}}_{A\text{ の 2 行を 7 倍}}$$

$$P_2 A = \underbrace{\begin{pmatrix} 0 & 0 & 1 \\ 0 & 1 & 0 \\ 1 & 0 & 0 \end{pmatrix}}_{E_3\text{ の 1 行} \longleftrightarrow 3\text{ 行}} \begin{pmatrix} 1 & 4 \\ 2 & 5 \\ 3 & 6 \end{pmatrix} = \underbrace{\begin{pmatrix} 3 & 6 \\ 2 & 5 \\ 1 & 4 \end{pmatrix}}_{A\text{ の 1 行} \longleftrightarrow 3\text{ 行}}$$

$$P_3A = \underbrace{\begin{pmatrix} 1 & 0 & 0 \\ 0 & 1 & 100 \\ 0 & 0 & 1 \end{pmatrix}}_{E_3 \text{ の 2 行}+3 \text{ 行} \times 100} \begin{pmatrix} 1 & 4 \\ 2 & 5 \\ 3 & 6 \end{pmatrix} = \underbrace{\begin{pmatrix} 1 & 4 \\ 302 & 605 \\ 3 & 6 \end{pmatrix}}_{A \text{ の 2 行}+3 \text{ 行} \times 100}$$

定理

重要：行列 A に対する 1 度の**列**基本変形は、1 つの基本行列 P を A の**右から**かけることと同値である。（$A \xrightarrow{\text{列基本変形}} B \iff B = AQ$, Q は基本行列）

例題 63. $A = \begin{pmatrix} 1 & 4 \\ 2 & 5 \\ 3 & 6 \end{pmatrix}$ とおく。基本行列

$$Q_1 = \begin{pmatrix} 1 & 0 \\ 0 & 7 \end{pmatrix}, Q_2 = \begin{pmatrix} 0 & 1 \\ 1 & 0 \end{pmatrix}, Q_3 = \begin{pmatrix} 1 & 0 \\ 100 & 1 \end{pmatrix}$$

と A の積を行列の列基本変形で解釈せよ。

▶ 解

$$AQ_1 = \begin{pmatrix} 1 & 4 \\ 2 & 5 \\ 3 & 6 \end{pmatrix} \underbrace{\begin{pmatrix} 1 & 0 \\ 0 & 7 \end{pmatrix}}_{E_2 \text{ の 2 列を 7 倍}} = \underbrace{\begin{pmatrix} 1 & 28 \\ 2 & 35 \\ 3 & 42 \end{pmatrix}}_{A \text{ の 2 列を 7 倍}}$$

$$AQ_2 = \begin{pmatrix} 1 & 4 \\ 2 & 5 \\ 3 & 6 \end{pmatrix} \underbrace{\begin{pmatrix} 0 & 1 \\ 1 & 0 \end{pmatrix}}_{E_2 \text{ の 1 列} \longleftrightarrow 2 \text{ 列}} = \underbrace{\begin{pmatrix} 4 & 1 \\ 5 & 2 \\ 6 & 3 \end{pmatrix}}_{A \text{ の 1 列} \longleftrightarrow 2 \text{ 列}}$$

$$AQ_3 = \begin{pmatrix} 1 & 4 \\ 2 & 5 \\ 3 & 6 \end{pmatrix} \underbrace{\begin{pmatrix} 1 & 0 \\ 100 & 1 \end{pmatrix}}_{E_2 \text{ の 1 列}+2 \text{ 列} \times 100} = \underbrace{\begin{pmatrix} 401 & 4 \\ 502 & 5 \\ 603 & 6 \end{pmatrix}}_{A \text{ の 1 列}+2 \text{ 列} \times 100}$$

定理（rank と逆行列の関係）

A を n 次正方行列とする。次は同値である。

[1] $\operatorname{rank} A = n$

[2] ある行列 X が存在して、$XA = E_n$ が成り立つ。

[3] ある行列 Y が存在して、$AY = E_n$ が成り立つ。

証明：(1) $\iff$ A を階段化すると E_n $\iff$ A に行変形を何回かして E_n にできる $\iff$ ある基本行列 $P_1, P_2, \ldots, P_k$ が存在して $P_k \cdots P_2 P_1 A = E_n$ $\iff$ (2).
(1) $\iff$ (3) を示すには、転置行列を考えればよい：$\operatorname{rank} A = \operatorname{rank} {}^tA$ なので同様の議論が通用する。

系：基本行列には逆行列が存在する。

なぜならば、基本行列を 1 度行基本変形すると、単位行列に戻せるからである。

例えば、

$$\begin{pmatrix} 1 & 0 & 0 \\ 0 & 2 & 0 \\ 0 & 0 & 1 \end{pmatrix}^{-1} = \begin{pmatrix} 1 & 0 & 0 \\ 0 & 2^{-1} & 0 \\ 0 & 0 & 1 \end{pmatrix}$$

$$\begin{pmatrix} 0 & 0 & 1 \\ 0 & 1 & 0 \\ 1 & 0 & 0 \end{pmatrix}^{-1} = \begin{pmatrix} 0 & 0 & 1 \\ 0 & 1 & 0 \\ 1 & 0 & 0 \end{pmatrix} \quad \text{（自分自身）}$$

$$\begin{pmatrix} 1 & 100 & 0 \\ 0 & 1 & 0 \\ 0 & 0 & 1 \end{pmatrix}^{-1} = \begin{pmatrix} 1 & -100 & 0 \\ 0 & 1 & 0 \\ 0 & 0 & 1 \end{pmatrix}$$

である。これらは、それぞれ次の計算に対応する。

$$\left(\begin{array}{ccc|ccc} 1 & 0 & 0 & 1 & 0 & 0 \\ 0 & 2 & 0 & 0 & 1 & 0 \\ 0 & 0 & 1 & 0 & 0 & 1 \end{array}\right) \xrightarrow{2\,\text{行}\times 1/2} \left(\begin{array}{ccc|ccc} 1 & 0 & 0 & 1 & 0 & 0 \\ 0 & 1 & 0 & 0 & 2^{-1} & 0 \\ 0 & 0 & 1 & 0 & 0 & 1 \end{array}\right)$$

$$\left(\begin{array}{ccc|ccc} 0 & 0 & 1 & 1 & 0 & 0 \\ 0 & 1 & 0 & 0 & 1 & 0 \\ 1 & 0 & 0 & 0 & 0 & 1 \end{array}\right) \xrightarrow{1\text{行} \longleftrightarrow 3\text{行}} \left(\begin{array}{ccc|ccc} 1 & 0 & 0 & 0 & 0 & 1 \\ 0 & 1 & 0 & 0 & 1 & 0 \\ 0 & 0 & 1 & 1 & 0 & 0 \end{array}\right)$$

$$\left(\begin{array}{ccc|ccc} 1 & 100 & 0 & 1 & 0 & 0 \\ 0 & 1 & 0 & 0 & 1 & 0 \\ 0 & 0 & 1 & 0 & 0 & 1 \end{array}\right) \xrightarrow{1\text{行}-2\text{行}\times 100} \left(\begin{array}{ccc|ccc} 1 & 0 & 1 & 1 & -100 & 0 \\ 0 & 1 & 0 & 0 & 1 & 0 \\ 0 & 0 & 1 & 0 & 0 & 1 \end{array}\right)$$

9.4　掃き出し法による逆行列の計算

これで、やっと掃き出し法による逆行列の計算の証明の準備が整った。

定理

n 次正方行列 A を何回かの行基本変形によって E_n に変形できたとする。このとき、まったく同じ行基本変形によって E_n を逆行列 A^{-1} に変形できる。

証明：A に何回か行基本変形をして E_n になったとする。行列の等式では、

$$P_k \cdots P_2 P_1 A = E_n, \qquad (P_1, \ldots, P_k \text{ は基本行列})$$

と表せる。(これを基本変形で

$$(*) \quad A \xrightarrow{P_1} \xrightarrow{P_2} \cdots \xrightarrow{P_k} E_n$$

のように表しておく)。書き直すと、$P_k \cdots P_2 P_1 = A^{-1}$. もう一回書き直すと、左辺の最後に E_n を入れて、

$$P_k \cdots P_2 P_1 \boldsymbol{E_n} = A^{-1}.$$

したがって、これを基本変形のように書けば

$$(**) \quad E_n \xrightarrow{P_1} \xrightarrow{P_2} \cdots \xrightarrow{P_k} A^{-1}.$$

$(*)$ と $(**)$ を比べると、A に行ったのとまったく同じ行基本変形を同じ順序で E_n に行うと、A^{-1} が求められることがわかる。

9.5　応用：基本行列の積

A を正方行列とする。次は同値である。

[1] A は正則行列。

[2] A は基本行列の積である。

例題 64. $A = \begin{pmatrix} 0 & 7 \\ 1 & 6 \end{pmatrix}$ とする。A を基本行列の積で表せ。

▶ 解　まず、A を単位行列に変形する。

$$A = \begin{pmatrix} 0 & 7 \\ 1 & 6 \end{pmatrix} \xrightarrow{1\,行 \longleftrightarrow 2\,行} \begin{pmatrix} 1 & 6 \\ 0 & 7 \end{pmatrix} \xrightarrow{2\,行 \times \frac{1}{7}} \begin{pmatrix} 1 & 6 \\ 0 & 1 \end{pmatrix} \xrightarrow{1\,行 - 2\,行 \times 6} \begin{pmatrix} 1 & 0 \\ 0 & 1 \end{pmatrix}.$$

この一連の行変形を、A と基本行列の積で

$$\text{“}P_3P_2P_1A = E_2\text{”}$$

と解釈する（基本行列が左側）。ただし

$$P_1 = \begin{pmatrix} 0 & 1 \\ 1 & 0 \end{pmatrix}, P_2 = \begin{pmatrix} 1 & 0 \\ 0 & \frac{1}{7} \end{pmatrix}, P_3 = \begin{pmatrix} 1 & -6 \\ 0 & 1 \end{pmatrix}$$

である。積の順番に注意して計算すると

$$A = P_1^{-1}P_2^{-1}P_3^{-1}E_2 = \begin{pmatrix} 0 & 1 \\ 1 & 0 \end{pmatrix}\begin{pmatrix} 1 & 0 \\ 0 & 7 \end{pmatrix}\begin{pmatrix} 1 & 6 \\ 0 & 1 \end{pmatrix}.$$

9.6　演習問題

問題 48. 掃き出し法を利用して、次の行列が逆行列をもつかどうかそれぞれ判定し、もつときはそれを求めよ。

$$A=\begin{pmatrix}1&1&1\\1&1&2\\2&1&1\end{pmatrix},\quad B=\begin{pmatrix}1&0&2\\1&-2&3\\1&-4&4\end{pmatrix}$$

問題 49. 下の 5 つの行列のうち、A 以外は**基本行列**である。

$$\begin{pmatrix}1&0&0\\0&1&-3\\0&0&1\end{pmatrix}\begin{pmatrix}1&0&8\\0&1&0\\0&0&1\end{pmatrix}\begin{pmatrix}1&-2&0\\0&1&0\\0&0&1\end{pmatrix}\begin{pmatrix}0&1&0\\1&0&0\\0&0&1\end{pmatrix}\underbrace{\begin{pmatrix}0&1&3\\1&2&-2\\0&0&1\end{pmatrix}}_{A}$$

意味をよく考えて、この 5 つの行列の積を計算せよ。

問題 50. $\begin{pmatrix}2&1&1\\1&1&2\\-3&-1&1\end{pmatrix}^{-1}=\begin{pmatrix}3&-2&1\\-7&5&-3\\2&-1&1\end{pmatrix}$ を利用して、次の連立方程式を解け。

$$\begin{cases}2x+y+z=2\\x+y+2z=3\\-3x-y+z=1\end{cases}$$

問題 51. 次の行列はすべて基本行列である。それぞれ逆行列を求めよ。

$$\begin{pmatrix}1&300&0\\0&1&0\\0&0&1\end{pmatrix},\quad\begin{pmatrix}1&0&0\\0&-2&0\\0&0&1\end{pmatrix},\quad\begin{pmatrix}1&0&0\\0&0&1\\0&1&0\end{pmatrix}$$

問題 52. $A=\begin{pmatrix}0&-1&0\\1&1&0\\0&0&1\end{pmatrix}$ とする。A を基本行列の積で表せ。

9.7 演習問題解答

解答 48. 答：$A^{-1}=\begin{pmatrix}-1&0&1\\3&-1&-1\\-1&1&0\end{pmatrix}$, B^{-1} は存在しない。

解答 49. 答えは E_3. 発想を転換して、右から順に積を計算する。A に次の行基本変形をしていけばよい。

[1] 1 行と 2 行の入れ替え

[2] 1 行に 2 行の -2 倍を加える

[3] 1 行に 3 行の 8 倍を加える

[4] 2 行に 3 行の -3 倍を加える

解答 50. 連立方程式を $A\boldsymbol{x}=\boldsymbol{b}$ と表そう。仮定により、A^{-1} が存在するので、

$$A^{-1}(A\boldsymbol{x})=A^{-1}\boldsymbol{b}\Longrightarrow \boldsymbol{x}=A^{-1}\boldsymbol{b}$$

という計算が可能だ。よって、

$$\boldsymbol{x}=\begin{pmatrix}3&-2&1\\-7&5&-3\\2&-1&1\end{pmatrix}\begin{pmatrix}2\\3\\1\end{pmatrix}=\begin{pmatrix}1\\-2\\2\end{pmatrix}\quad \text{より}$$

$x=1, y=-2, z=2$.

解答 51.

$$\begin{pmatrix}1&300&0\\0&1&0\\0&0&1\end{pmatrix}^{-1}=\begin{pmatrix}1&-300&0\\0&1&0\\0&0&1\end{pmatrix}$$

$$\begin{pmatrix}1&0&0\\0&-2&0\\0&0&1\end{pmatrix}^{-1}=\begin{pmatrix}1&0&0\\0&(-2)^{-1}&0\\0&0&1\end{pmatrix}$$

$$\begin{pmatrix}1&0&0\\0&0&1\\0&1&0\end{pmatrix}^{-1}=\begin{pmatrix}1&0&0\\0&0&1\\0&1&0\end{pmatrix}$$

解答 52. 例えば、

$$A=\begin{pmatrix}0&1&0\\1&0&0\\0&0&1\end{pmatrix}\begin{pmatrix}1&0&0\\0&-1&0\\0&0&1\end{pmatrix}\begin{pmatrix}1&1&0\\0&1&0\\0&0&1\end{pmatrix}.$$

9.8　コラム：上り坂と下り坂

上り坂と下り坂、どちらが多い？

というクイズがある。答えは当然、同じに決まっている。なぜなら、上り坂も下り坂も物理的には同じものであり、呼び方が違うだけだからだ。

上り坂 → 坂 ← 下り坂

しかし、一方通行があれば上り坂と下り坂の数はイコールではなくなる。認知的には上り坂と下り坂は違うわけだ。

このように、われわれは脳内で物理情報を変換して（意味をつけて）世界を認識している。

領域＝物理空間 ──脳内変換／意味づけ──→ 地図＝認知空間

この事実を、“The map is not the territory.” と言い表す。

よくある認識パタンの変化：「坂」という概念を知っている人がいたとしよう。

[1] しかし、「上り坂」「下り坂」というコンセプトはまだ知らないので、「坂」を「坂」としてしか認識できない。

[2] ところが、「上り坂」というコンセプトを学ぶと「坂」＝「上り坂」という図式で認知できるようになる。

[3] その後、「下り坂」を知り、さらにこれら 3 つが同じものを指すことまで理解して初めて「坂＝上り坂＝下り坂」という図式で認知できるようになる。

本章で学んだ行列の積と基本行列の関係は格好の例である。

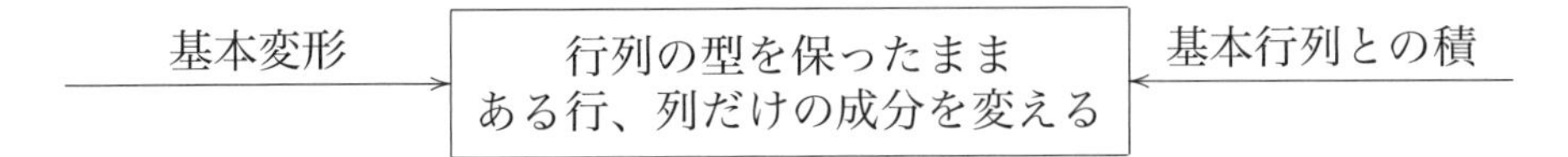

第10章　行列式

10.1　クラメルの公式

クラメルの公式とは？

式の個数＝変数の個数をみたす連立一次方程式の解を簡単に表示する公式。ただし、登場する多項式はかなり入り組んでいる。しかし「行列式」というコンセプトを用いれば表示が簡単になる。

我々は、世界を言葉で分節化して認識している。しかし、適切な知識体系がない場合、多くの現象はランダムあるいはノイズにしか思えない。これは、星座というコンセプトなしに無数の星々を理解できないのと同じだ。人間は考える葦である。億や兆の膨大な組み合わせの数を扱う代わりに、言語を用いて思考することができる。優れたアイディアを産み出し適切なコンセプトを創れば、思考は深化する。

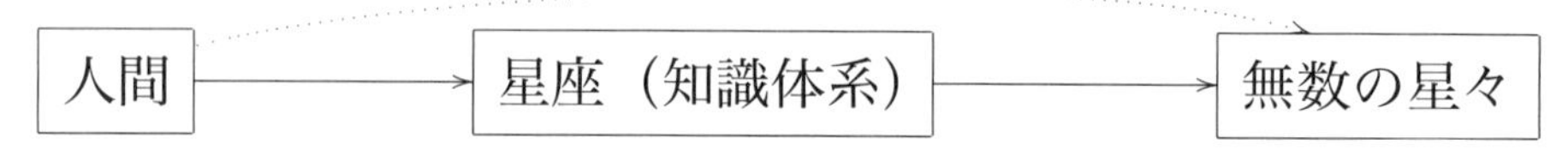

クラメルの公式（２次）

連立方程式　$\begin{pmatrix} a_{11} & a_{12} \\ a_{21} & a_{22} \end{pmatrix} \begin{pmatrix} x_1 \\ x_2 \end{pmatrix} = \begin{pmatrix} b_1 \\ b_2 \end{pmatrix}$

の解は $a_{11}a_{22} - a_{12}a_{21} \neq 0$ のとき

$$x_1 = \frac{b_1\ a_{22} - a_{12}b_2}{a_{11}a_{22} - a_{12}a_{21}}, \quad x_2 = \frac{a_{11}b_2\ - b_1\ a_{21}}{a_{11}a_{22} - a_{12}a_{21}}$$ である。

例題 65. クラメルの公式を用いて、次の連立方程式を解け。

$$\begin{cases} 2x_1 - x_2 = -2 \\ 3x_1 + 2x_2 = 9 \end{cases}$$

▶ 解

$$x_1 = \frac{(-2)\times 2 - (-1)\times 9}{2\times 2 - (-1)\times 3} = \frac{5}{7},$$
$$x_2 = \frac{2\times 9 - (-2)\times 3}{2\times 2 - (-1)\times 3} = \frac{24}{7}.$$

クラメルの公式 (3 次)

連立方程式 $\begin{pmatrix} a_{11} & a_{12} & a_{13} \\ a_{21} & a_{22} & a_{23} \\ a_{31} & a_{32} & a_{33} \end{pmatrix}\begin{pmatrix} x_1 \\ x_2 \\ x_3 \end{pmatrix} = \begin{pmatrix} b_1 \\ b_2 \\ b_3 \end{pmatrix}$

の解は $a_{11}a_{22}a_{33} - a_{11}a_{23}a_{32} + a_{12}a_{23}a_{31} - a_{12}a_{21}a_{33} + a_{13}a_{21}a_{32} - a_{13}a_{22}a_{31} \neq 0$ のとき

$$x_1 = \frac{b_1\ a_{22}a_{33} - b_1a_{23}a_{32} + a_{12}a_{23}b_3 - a_{12}b_2a_{33} + a_{13}b_2a_{32} - a_{13}a_{22}b_3}{a_{11}a_{22}a_{33} - a_{11}a_{23}a_{32} + a_{12}a_{23}a_{31} - a_{12}a_{21}a_{33} + a_{13}a_{21}a_{32} - a_{13}a_{22}a_{31}}$$

$$x_2 = \frac{a_{11}b_2a_{33} - a_{11}a_{23}b_3 + b_1a_{23}a_{31} - b_1a_{21}a_{33} + a_{13}a_{21}b_3 - a_{13}b_2a_{31}}{a_{11}a_{22}a_{33} - a_{11}a_{23}a_{32} + a_{12}a_{23}a_{31} - a_{12}a_{21}a_{33} + a_{13}a_{21}a_{32} - a_{13}a_{22}a_{31}}$$

$$x_3 = \frac{a_{11}a_{22}b_3 - a_{11}b_2a_{32} + a_{12}b_2a_{31} - a_{12}a_{21}b_3 + b_1a_{21}a_{32} - b_1a_{22}a_{31}}{a_{11}a_{22}a_{33} - a_{11}a_{23}a_{32} + a_{12}a_{23}a_{31} - a_{12}a_{21}a_{33} + a_{13}a_{21}a_{32} - a_{13}a_{22}a_{31}}$$

である。

この分母、分子に登場する $\{a_{ij}\}, \{b_j\}$ の多項式は、ある特別な形をしているのではないか？ と考える人はかなり洞察力(インサイト)がある。

我々は、思考するときに言語を使っている。だから、名前のない対象の存在を認識するのはとても難しいのだ。おそらく多項式を何年間も扱って来たとしても、

$$a_{11}a_{22}a_{33} - a_{11}a_{23}a_{32} + a_{12}a_{23}a_{31} - a_{12}a_{21}a_{33} + a_{13}a_{21}a_{32} - a_{13}a_{22}a_{31}$$

の形の式に特別な注意を払うことはなかった (しかし、今後はできるようになる)。

10.2 行列式

行列式とは、2次あるいは3次の正方行列 $A = (a_{ij})$ に対してある実数を対応させる関数のことである。記号は $|A|$ あるいは $\det(A)$ を用いる。

計算の方法

2×2 (3×3) の正方形のマス目に 2 (3) 個の ● を縦横に重ならないようにおく。(つまり、各行と各列に ● がちょうど 1 つずつ現れる) ● を置いた場所に対応する成分の積を考えて、石が ↘ のように配置されているときは符号を +, ↙ のときは符号を − とする。その積に符号をつけて 2! (3!) 項の和をとったものが行列式。

$n = 2$ の場合：

$$\det \begin{pmatrix} a_{11} & a_{12} \\ a_{21} & a_{22} \end{pmatrix} = a_{11}a_{22} - a_{12}a_{21} :$$ (+) と (−) に対応

$n = 3$ の場合：

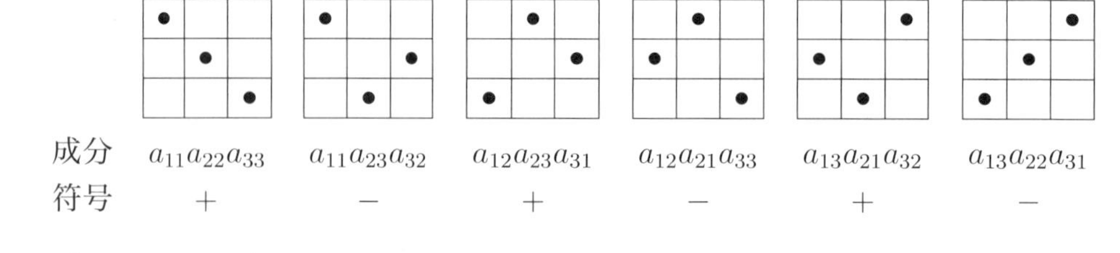

成分	$a_{11}a_{22}a_{33}$	$a_{11}a_{23}a_{32}$	$a_{12}a_{23}a_{31}$	$a_{12}a_{21}a_{33}$	$a_{13}a_{21}a_{32}$	$a_{13}a_{22}a_{31}$
符号	+	−	+	−	+	−

$$\det \begin{pmatrix} a_{11} & a_{12} & a_{13} \\ a_{21} & a_{22} & a_{23} \\ a_{31} & a_{32} & a_{33} \end{pmatrix} = a_{11}a_{22}a_{33} - a_{12}a_{21}a_{33} - a_{11}a_{23}a_{32} + a_{12}a_{23}a_{31} + a_{13}a_{21}a_{32} - a_{13}a_{22}a_{31}.$$

例題 66. 上の式を参考に、次の行列式を計算せよ。

$$\det \begin{pmatrix} 1 & 2 \\ 3 & 4 \end{pmatrix}, \quad \det \begin{pmatrix} 11 & 13 & 15 \\ 17 & 19 & 21 \\ 23 & 25 & 27 \end{pmatrix}$$

► 解

$$\det \begin{pmatrix} 1 & 2 \\ 3 & 4 \end{pmatrix} = 1 \times 4 - 2 \times 3 = -2.$$

$$\det\begin{pmatrix} 11 & 13 & 15 \\ 17 & 19 & 21 \\ 23 & 25 & 27 \end{pmatrix} = +(11)(19)(27) - (11)(21)(25) + (13)(21)(23)$$
$$- (13)(17)(27) + (15)(17)(25) - (15)(19)(23)$$
$$= 3135 - 3168 + 3264 - 3192 + 3276 - 3315 = 0.$$

かなりたいへんな計算だっただろう。しかし、次章でもっと簡単な計算法を学ぶ。

10.3　クラメルの公式

行列式を用いると、クラメルの公式はまとめて次のように簡単に表せる。

クラメルの公式（2, 3 次）

連立方程式 $A\boldsymbol{x} = \boldsymbol{b}$ の解は、$|A| \neq 0$ のとき唯一の解をもち、

$$x_j = \frac{|A_j|}{|A|}$$

と表せる。ただし、A_j は A の j 列ベクトルを $\boldsymbol{b}$ で置き換えた行列である。

例題 67.

連立方程式 $\begin{pmatrix} 3 & 2 & -1 \\ 1 & -2 & -2 \\ 2 & -6 & 1 \end{pmatrix}\begin{pmatrix} x_1 \\ x_2 \\ x_3 \end{pmatrix} = \begin{pmatrix} 7 \\ 10 \\ 2 \end{pmatrix}$ を考える。

クラメルの公式を用いて、この方程式の解を行列式の比で表せ。

▶ 解　まず、$|A|$ を求めよう。

$$|A| = 3 \times (-2) \times 1 - 3 \times (-2) \times (-6) + 2 \times (-2) \times 2$$
$$- 2 \times 1 \times 1 + (-1) \times 1 \times (-6) - (-1) \times (-2) \times 2 = -50.$$

$|A| \neq 0$ なのでクラメルの公式が適用できる。

$$x_1 = \frac{|A_1|}{|A|} = \frac{\begin{vmatrix} 7 & 2 & -1 \\ 10 & -2 & -2 \\ 2 & -6 & 1 \end{vmatrix}}{\begin{vmatrix} 3 & 2 & -1 \\ 1 & -2 & -2 \\ 2 & -6 & 1 \end{vmatrix}} \left(= \frac{-70}{-50} = \frac{7}{5}\right),$$

$$x_2 = \frac{|A_2|}{|A|} = \frac{\begin{vmatrix} 3 & 7 & -1 \\ 1 & 10 & -2 \\ 2 & 2 & 1 \end{vmatrix}}{\begin{vmatrix} 3 & 2 & -1 \\ 1 & -2 & -2 \\ 2 & -6 & 1 \end{vmatrix}} \left(= \frac{25}{-50} = -\frac{1}{2}\right),$$

$$x_3 = \frac{|A_3|}{|A|} = \frac{\begin{vmatrix} 3 & 2 & 7 \\ 1 & -2 & 10 \\ 2 & -6 & 2 \end{vmatrix}}{\begin{vmatrix} 3 & 2 & -1 \\ 1 & -2 & -2 \\ 2 & -6 & 1 \end{vmatrix}} \left(= \frac{190}{-50} = -\frac{19}{5}\right).$$

行列式は determinant の訳語である（“determine”は「決定する」という意味なので「決定値」の方が良かった）。何を決定するのかというと、連立方程式の解の有無、逆行列の有無、ランクなどである。定義式はややこしいようだが、その本質を理解すれば計算は簡単にできる。なお、$|A|$ という記号を使っても、その値は非負とは限らないので注意。

行列式の符号のつけ方には疑問が残るかもしれない。これはもう少し進んだ線型代数の本を見て欲しい。そこでは n 次の行列式が登場する（例えば川久保勝夫『線型代数学（新装版）』日本評論社、2012 を参照せよ）。n 次のクラメルの公式も同様の形で成り立つ。

定理（逆行列と行列式）

A を 2 次、あるいは 3 次の行列とする。次は同値：

[1] A^{-1} が存在する。

[2] $\det(A) \neq 0$.

証明は余因子行列のところで行うので、ここでは省略する。

例題 68. $A = \begin{pmatrix} a & -a+3 \\ a+4 & a+1 \end{pmatrix}$ が逆行列をもたないように a の値を定めよ。

▶ 解　A が逆行列をもたないための必要十分条件は

$$|A| = a(a+1) - (-a+3)(a+4) = 0,$$

$a^2 + a - 6 = 0$ より、$a = 2, -3$.

例題 69. $A = \begin{pmatrix} a & b \\ c & d \end{pmatrix}$, $|A| = ad - bc \neq 0$ とする。

直接の計算で $|A^2| = |A|^2$ を確かめよ。

▶ 解

$$\begin{aligned} |A^2| &= \left| \begin{pmatrix} a^2+bc & ab+bd \\ ac+cd & bc+d^2 \end{pmatrix} \right| \\ &= (a^2+bc)(bc+d^2) - (ab+bd)(ac+cd) \\ &= (ad-bc)^2 = |A|^2. \end{aligned}$$

10.4　コラム：全体像

行列式は線型代数の華である。全体像を知っておこう。

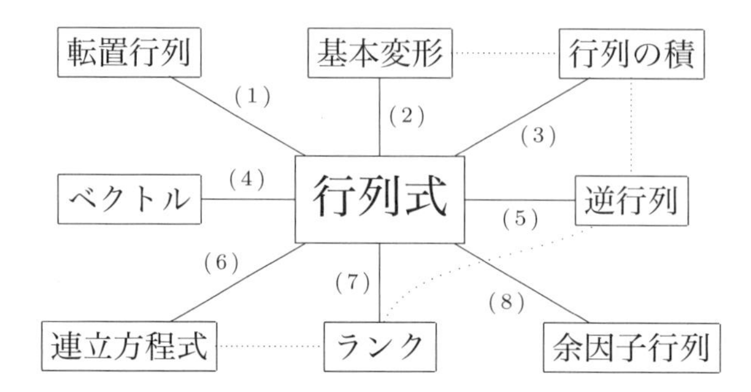

[1] 転置不変性：転置しても行列式の値はまったく変わらない。

[2] 行列式が 0 であるかどうかは基本変形しても変わらない。

[3] 行列式の乗法性：$|AB| = |A||B|$.

[4] 多重線型性：ベクトルの和・スカラー倍と行列式の和・スカラー倍の関係

[5] 逆行列の存在は行列式で 100 %判定できる。

[6] クラメルの公式：特殊な連立方程式はある行列式の比を計算すれば解ける。

[7] 小行列の行列式を計算すると、もとの行列のランクがわかる。

[8] 逆行列は余因子行列を行列式で割れば求められる：$A^{-1} = \widetilde{A}/|A|$.

> 数学の体系を理解する場合には、まず全体像をつかむ方が効率的。
> 進んだ段階から見ると、それまでのところはよくわかる。
> 全体の範囲を理解した上で計算練習を重ねていけば、背景にあるロジックは自然と分かってくる。
>
> 『超勉強法』野口悠紀雄

10.5　演習問題

問題 53. 次の行列式の値をそれぞれ求めよ。

$$\begin{vmatrix} 3 & 1 \\ 2 & 4 \end{vmatrix} \quad \begin{vmatrix} 0 & 0 \\ 0 & 0 \end{vmatrix} \quad \begin{vmatrix} 1 & 0 & 3 \\ 2 & 4 & 1 \\ -1 & 3 & 5 \end{vmatrix} \quad \begin{vmatrix} 11 & 12 & 13 \\ 14 & 15 & 16 \\ 17 & 18 & 19 \end{vmatrix}$$

問題 54. クラメルの公式を用いて、次の連立方程式を満たす x_2 の値を求めよ。

$$\begin{cases} x_1 + 2x_2 = 3 \\ 3x_1 + 5x_2 = 7 \end{cases}$$

問題 55. クラメルの公式を用いて、次の連立方程式を満たす x_2 の値を求めよ。

$$\begin{cases} 4x_1 - 3x_2 + x_3 = 1 \\ x_1 + x_2 = 3 \\ 3x_1 - x_2 - x_3 = 0 \end{cases}$$

問題 56. ベクトル $\boldsymbol{a}_1 = \begin{pmatrix} a_{11} \\ a_{12} \\ a_{13} \end{pmatrix}, \boldsymbol{a}_2 = \begin{pmatrix} a_{12} \\ a_{22} \\ a_{33} \end{pmatrix}, \boldsymbol{a}_3 = \begin{pmatrix} a_{13} \\ a_{23} \\ a_{33} \end{pmatrix}$ を並べて行列

$A = \begin{pmatrix} a_{11} & a_{12} & a_{13} \\ a_{21} & a_{22} & a_{23} \\ a_{31} & a_{32} & a_{33} \end{pmatrix}$ を作った。

$|A|$ と $(\boldsymbol{a}_1, \boldsymbol{a}_2 \times \boldsymbol{a}_3)$ を計算し、比較せよ。

問題 57. $A = \begin{pmatrix} \alpha - 3 & 2 \\ -4 & 8 \end{pmatrix}$ が逆行列をもたないように α の値を定めよ。

問題 58. $A = \begin{pmatrix} a & b \\ c & d \end{pmatrix}$, $|A| = ad - bc \neq 0$ とする。

直接の計算で $|A^{-1}| = |A|^{-1}$ を確かめよ。

10.6　演習問題解答

解答 53. $10, 0, 47, 0.$

解答 54.

$$x_2 = \frac{\begin{vmatrix} 1 & 3 \\ 3 & 7 \end{vmatrix}}{\begin{vmatrix} 1 & 2 \\ 3 & 5 \end{vmatrix}} = \frac{-2}{-1} = 2.$$

解答 55.

$$x_2 = \frac{\begin{vmatrix} 4 & 1 & 1 \\ 1 & 3 & 0 \\ 3 & 0 & -1 \end{vmatrix}}{\begin{vmatrix} 4 & -3 & 1 \\ 1 & 1 & 0 \\ 3 & -1 & -1 \end{vmatrix}} = \frac{-20}{-11} = \frac{20}{11}.$$

解答 56. いずれも

$$a_{11}a_{22}a_{33} - a_{11}a_{23}a_{32} + a_{12}a_{23}a_{31} - a_{12}a_{21}a_{33} + a_{13}a_{21}a_{32} - a_{13}a_{22}a_{31}$$

になる。すなわち、3次の行列式は**内積と外積を組み合わせたもの**だった。

解答 57. $\alpha = 2.$

解答 58.

$$\begin{aligned} |A^{-1}| &= \left| \frac{1}{ad-bc} \begin{pmatrix} d & -b \\ -c & a \end{pmatrix} \right| \\ &= \frac{1}{(ad-bc)^2}(da - (-b)(-c)) \\ &= \frac{1}{ad-bc} = |A|^{-1}. \end{aligned}$$

10.7　ニューロンネットワーク

我々は、「データを記憶する」能力はコンピュータには勝てない。しかし、人間は自身で知識のネットワークを脳内に創造することができる。(脳の可塑性)

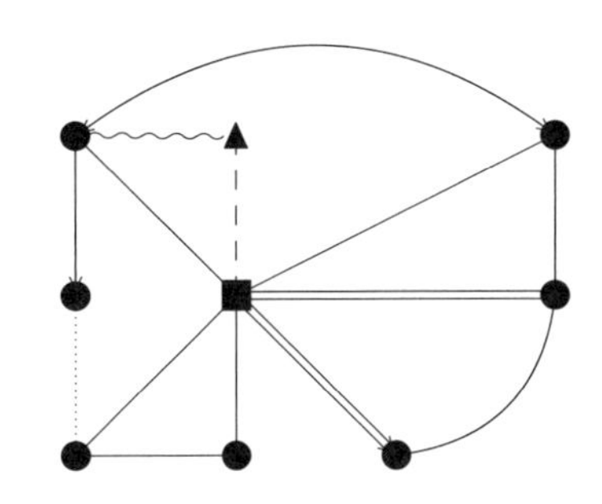

ネットワークをうまく作るためのアイディアは非常に単純なものだ。

- 帰着：複雑なものは単純に
- 細分：大きなものは細かく分けて考える
- 認知：重要なものには名前をつけておく
- 比重：大切なものは 20 %。残りの 80 %はそこから導ける
- 類似：似たものはまとめて扱う
- 俯瞰：全体を知る

禅に**不立文字**(ふりゅうもんじ)という教えがある。これは、真理は言葉では伝えることはできない（自分で修得するしかない）というものだ。数学の知識に関する脳内ネットワークを言語だけで学習者に伝えるのは難しい。学習者が自ら考えて会得するしかない部分がある。

参考 ドロシー・レナード、ウォルター・スワップ『経験知を伝える技術〈新装版〉』ダイヤモンド社、2013.

第11章　行列式の性質

本章では主に3次の行列式を扱う（実は、2次の行列式についてもまったく同じ結果が成り立つ）。

11.1　転置不変性

転置不変性：$|A| = |{}^tA|$ ［転置しても行列式の値は変わらない］ためしに、

$$+a_{11}a_{22}a_{33} - a_{11}a_{23}a_{32} + a_{12}a_{23}a_{31} - a_{12}a_{21}a_{33} + a_{13}a_{21}a_{32} - a_{13}a_{22}a_{31}$$

の二重添字の左右を交換してみると

$$+a_{11}a_{22}a_{33} - a_{11}a_{32}a_{23} + a_{21}a_{32}a_{13} - a_{21}a_{12}a_{33} + a_{31}a_{12}a_{23} - a_{31}a_{22}a_{13}$$ となる。

これは全体としては変わっていないから

$$\left|\begin{pmatrix} a_{11} & a_{12} & a_{13} \\ a_{21} & a_{22} & a_{23} \\ a_{31} & a_{32} & a_{33} \end{pmatrix}\right| = \left|{}^t\begin{pmatrix} a_{11} & a_{12} & a_{13} \\ a_{21} & a_{22} & a_{23} \\ a_{31} & a_{32} & a_{33} \end{pmatrix}\right|$$ が成り立つ。

他の行列式の性質もまとめて書いておこう。$A = (a_{ij})$ を3次正方行列、その列ベクトルを順に $\boldsymbol{a}_1, \boldsymbol{a}_2, \boldsymbol{a}_3$ とする。記号 $\det(\boldsymbol{a}_1, \boldsymbol{a}_2, \boldsymbol{a}_3)$ で $\det A$ を表すことにする。

行列式の性質

[1] $\det E_3 = 1,\ \det O_3 = 0.$

[2] A が三角行列ならば $\det A = a_{11}a_{22}a_{33}$ ＝対角成分の積。

[3] 多重線型性

ベクトルのスカラー倍と行列式のスカラー倍の関係：

$$\det(\lambda \boldsymbol{a}_1, \boldsymbol{a}_2, \boldsymbol{a}_3) = \det(\boldsymbol{a}_1, \lambda \boldsymbol{a}_2, \boldsymbol{a}_3) = \det(\boldsymbol{a}_1, \boldsymbol{a}_2, \lambda \boldsymbol{a}_3) = \lambda \det(\boldsymbol{a}_1, \boldsymbol{a}_2, \boldsymbol{a}_3).$$

特に、$\lambda = 0$ のとき

$$\det(\boldsymbol{0}, \boldsymbol{a}_2, \boldsymbol{a}_3) = \det(\boldsymbol{a}_1, \boldsymbol{0}, \boldsymbol{a}_3) = \det(\boldsymbol{a}_1, \boldsymbol{a}_2, \boldsymbol{0}) = 0.$$

ベクトルの和と行列式の和の関係：

$$\begin{aligned}
\det(\boldsymbol{a}_1 + \boldsymbol{a}_1', \boldsymbol{a}_2, \boldsymbol{a}_3) &= \det(\boldsymbol{a}_1, \boldsymbol{a}_2, \boldsymbol{a}_3) + \det(\boldsymbol{a}_1', \boldsymbol{a}_2, \boldsymbol{a}_3) \\
\det(\boldsymbol{a}_1, \boldsymbol{a}_2 + \boldsymbol{a}_2', \boldsymbol{a}_3) &= \det(\boldsymbol{a}_1, \boldsymbol{a}_2, \boldsymbol{a}_3) + \det(\boldsymbol{a}_1, \boldsymbol{a}_2', \boldsymbol{a}_3) \\
\det(\boldsymbol{a}_1, \boldsymbol{a}_2, \boldsymbol{a}_3 + \boldsymbol{a}_3') &= \det(\boldsymbol{a}_1, \boldsymbol{a}_2, \boldsymbol{a}_3) + \det(\boldsymbol{a}_1, \boldsymbol{a}_2, \boldsymbol{a}_3')
\end{aligned}$$

不変性：ある列に他の列の定数倍を加えても行列式の値は変わらない。

$$\begin{aligned}
\det(\boldsymbol{a}_1 + c\boldsymbol{a}_j, \boldsymbol{a}_2, \boldsymbol{a}_3) &= \det(\boldsymbol{a}_1, \boldsymbol{a}_2, \boldsymbol{a}_3) \quad (j = 2, 3) \\
\det(\boldsymbol{a}_1, \boldsymbol{a}_2 + c\boldsymbol{a}_j, \boldsymbol{a}_3) &= \det(\boldsymbol{a}_1, \boldsymbol{a}_2, \boldsymbol{a}_3) \quad (j = 1, 3) \\
\det(\boldsymbol{a}_1, \boldsymbol{a}_2, \boldsymbol{a}_3 + c\boldsymbol{a}_j) &= \det(\boldsymbol{a}_1, \boldsymbol{a}_2, \boldsymbol{a}_3) \quad (j = 1, 2)
\end{aligned}$$

[4] 交代性：２つの列を入れ替えると符号が変わる。

$$\begin{aligned}
\det(\boldsymbol{a}_2, \boldsymbol{a}_1, \boldsymbol{a}_3) &= -\det(\boldsymbol{a}_1, \boldsymbol{a}_2, \boldsymbol{a}_3) \\
\det(\boldsymbol{a}_1, \boldsymbol{a}_3, \boldsymbol{a}_2) &= -\det(\boldsymbol{a}_1, \boldsymbol{a}_2, \boldsymbol{a}_3) \\
\det(\boldsymbol{a}_3, \boldsymbol{a}_2, \boldsymbol{a}_1) &= -\det(\boldsymbol{a}_1, \boldsymbol{a}_2, \boldsymbol{a}_3)
\end{aligned}$$

例題 70. 次の行列式をそれぞれ計算せよ。

$$\begin{vmatrix} 0 & 0 & 0 \\ 6 & 5 & 4 \\ 7 & 8 & 9 \end{vmatrix} \qquad \begin{vmatrix} 1 & 0 & 3 \\ 6 & 0 & 4 \\ 7 & 0 & 9 \end{vmatrix} \qquad \begin{vmatrix} 1 & 2 & 3 \\ 0 & 4 & 5 \\ 0 & 0 & 6 \end{vmatrix}$$

▶ 解　列にゼロベクトルが少なくとも1つ存在すれば、行列式は0であるから、

$$\begin{vmatrix} \mathbf{0} & \mathbf{0} & \mathbf{0} \\ 6 & 5 & 4 \\ 7 & 8 & 9 \end{vmatrix} = \begin{vmatrix} 1 & \mathbf{0} & 3 \\ 6 & \mathbf{0} & 4 \\ 7 & \mathbf{0} & 9 \end{vmatrix} = \cdots = +0-0+0-0+0-0 = 0.$$

上三角行列の行列式は対角成分の積に等しい。なぜなら、

$$\begin{vmatrix} 1 & 2 & 3 \\ 0 & 4 & 5 \\ 0 & 0 & 6 \end{vmatrix}$$
$$= +1\times 4\times 6 \underbrace{-1\times 5\times 0 + 2\times 5\times 0 - 2\times 0\times 6 + 3\times 0\times 0 - 3\times 4\times 0}_{0}$$
$$= 1\times 4\times 6 = 24.$$

11.2　多重線型性

例題 71. 次の値を計算せよ。

$$\begin{vmatrix} 2 & 2 & -1 \\ 1 & 1 & 5 \\ -1 & 0 & 3 \end{vmatrix} + \begin{vmatrix} 3 & 2 & -1 \\ -1 & 1 & 5 \\ 1 & 0 & 3 \end{vmatrix}$$

▶ 解　**多重線型性1：**ベクトルの和と行列式の和の関係を使う。

$$\begin{pmatrix} 2 \\ 1 \\ -1 \end{pmatrix} + \begin{pmatrix} 3 \\ -1 \\ 1 \end{pmatrix} = \begin{pmatrix} 5 \\ 0 \\ 0 \end{pmatrix}$$ なので、

$$\begin{vmatrix} 2 & 2 & -1 \\ 1 & 1 & 5 \\ -1 & 0 & 3 \end{vmatrix} + \begin{vmatrix} 3 & 2 & -1 \\ -1 & 1 & 5 \\ 1 & 0 & 3 \end{vmatrix} = \begin{vmatrix} 5 & 2 & -1 \\ 0 & 1 & 5 \\ 0 & 0 & 3 \end{vmatrix} = 15.$$

多重線型性2： ベクトルの実数倍と行列式の実数倍の関係　ある列をc倍すると、行列式もc倍になる（つまり、ある列の共通因子をくくり出すことができる）。

$$\begin{vmatrix} 3 & 0 & 20 \\ -5 & 1 & -50 \\ 1 & -1 & 40 \end{vmatrix} = 10 \begin{vmatrix} 3 & 0 & 2 \\ -5 & 1 & -5 \\ 1 & -1 & 4 \end{vmatrix}.$$

例題 72. 次の行列式を計算せよ。

$$\begin{vmatrix} 0.2 & 7 & \frac{1}{3} \\ 0.4 & 21 & \frac{2}{3} \\ 0.6 & 35 & \frac{5}{3} \end{vmatrix}$$

▶ 解　多重線形性を用いて、各列から共通因子を外に出して計算するとやりやすい。

$$\begin{aligned} \begin{vmatrix} 0.2 & 7 & \frac{1}{3} \\ 0.4 & 21 & \frac{2}{3} \\ 0.6 & 35 & \frac{5}{3} \end{vmatrix} &= 0.1 \begin{vmatrix} 2 & 7 & \frac{1}{3} \\ 4 & 21 & \frac{2}{3} \\ 6 & 35 & \frac{5}{3} \end{vmatrix} \\ &= 0.1 \times 7 \times \begin{vmatrix} 2 & 1 & \frac{1}{3} \\ 4 & 3 & \frac{2}{3} \\ 6 & 5 & \frac{5}{3} \end{vmatrix} = 0.1 \times 7 \times \frac{1}{3} \begin{vmatrix} 2 & 1 & 1 \\ 4 & 3 & 2 \\ 6 & 5 & 5 \end{vmatrix} \\ &= 0.1 \times 7 \times \frac{1}{3} \times 4 = \frac{14}{15}. \end{aligned}$$

交代性　2 つの列を入れかえると、行列式は必ず -1 倍になる。

$$\begin{vmatrix} 1 & 3 & 2 \\ 4 & 5 & 6 \\ 9 & 8 & 7 \end{vmatrix} = - \begin{vmatrix} 3 & 1 & 2 \\ 5 & 4 & 6 \\ 8 & 9 & 7 \end{vmatrix}$$

特に、ある 2 つの列が等しければ行列式の値は 0:

$$\begin{vmatrix} 65 & 56 & 65 \\ -48 & 654 & -48 \\ 432 & 987 & 432 \end{vmatrix} = - \begin{vmatrix} 65 & 56 & 65 \\ -48 & 654 & -48 \\ 432 & 987 & 432 \end{vmatrix} \Longrightarrow \begin{vmatrix} 65 & 56 & 65 \\ -48 & 654 & -48 \\ 432 & 987 & 432 \end{vmatrix} = 0.$$

不変性 ある列に他の列の c 倍を加えても、行列式の値は変わらない。

例えば、$\begin{vmatrix} 1 & 2 & 3 \\ 4 & 5 & 6 \\ 7 & 8 & 9 \end{vmatrix} = \begin{vmatrix} 1 & 2+1\cdot 3 & 3 \\ 4 & 5+4\cdot 3 & 6 \\ 7 & 8+7\cdot 3 & 9 \end{vmatrix}$ である。

なぜだろうか？ これは逆方向に考える方がわかりやすい。

右辺は左辺に 0 を足したものなのだ。

$$\begin{aligned}\begin{vmatrix} 1 & 2+1\cdot 3 & 3 \\ 4 & 5+4\cdot 3 & 6 \\ 7 & 8+7\cdot 3 & 9 \end{vmatrix} &= \begin{vmatrix} 1 & 2 & 3 \\ 4 & 5 & 6 \\ 7 & 8 & 9 \end{vmatrix} + \begin{vmatrix} 1 & 1\cdot 3 & 3 \\ 4 & 4\cdot 3 & 6 \\ 7 & 7\cdot 3 & 9 \end{vmatrix} \\ &= \begin{vmatrix} 1 & 2 & 3 \\ 4 & 5 & 6 \\ 7 & 8 & 9 \end{vmatrix} + 3 \underbrace{\begin{vmatrix} 1 & 1 & 3 \\ 4 & 4 & 6 \\ 7 & 7 & 9 \end{vmatrix}}_{\text{同じ列があるから } 0} \\ &= \begin{vmatrix} 1 & 2 & 3 \\ 4 & 5 & 6 \\ 7 & 8 & 9 \end{vmatrix}.\end{aligned}$$

確認：行列式の転置不変性から、多重線形性や交代性は**行ベクトルについても成り立つ**。

例題 73. $A = \begin{pmatrix} 1 & 3 & 2 \\ 5 & 6 & 7 \\ 8 & 9 & 4 \end{pmatrix}$ に関して行ベクトルの多重線形性や交代性の例を挙げよ。

▶ 解　多重線形性により、

$$\begin{vmatrix} 1 & 3 & 2 \\ 5 & 6 & 7 \\ 8 & 9 & 4 \end{vmatrix} + \begin{vmatrix} 10 & 10 & 10 \\ 5 & 6 & 7 \\ 8 & 9 & 4 \end{vmatrix} = \begin{vmatrix} 1+10 & 3+10 & 2+10 \\ 5 & 6 & 7 \\ 8 & 9 & 4 \end{vmatrix}$$

$$\begin{vmatrix} 1 & 3 & 2 \\ 5 & 6 & 7 \\ 8 & 9 & 4 \end{vmatrix} + \begin{vmatrix} 1 & 3 & 2 \\ 10 & 10 & 10 \\ 8 & 9 & 4 \end{vmatrix} = \begin{vmatrix} 1 & 3 & 2 \\ 5+10 & 6+10 & 7+10 \\ 8 & 9 & 4 \end{vmatrix}$$

$$\begin{vmatrix} 1 & 3 & 2 \\ 5 & 6 & 7 \\ 8 & 9 & 4 \end{vmatrix} + \begin{vmatrix} 1 & 3 & 2 \\ 5 & 6 & 7 \\ 10 & 10 & 10 \end{vmatrix} = \begin{vmatrix} 1 & 3 & 2 \\ 5 & 6 & 7 \\ 8+10 & 9+10 & 4+10 \end{vmatrix}$$

であるし、

$$100 \begin{vmatrix} 1 & 3 & 2 \\ 5 & 6 & 7 \\ 8 & 9 & 4 \end{vmatrix} = \begin{vmatrix} 100 & 300 & 200 \\ 5 & 6 & 7 \\ 8 & 9 & 4 \end{vmatrix} = \begin{vmatrix} 1 & 3 & 2 \\ 500 & 600 & 700 \\ 8 & 9 & 4 \end{vmatrix} = \begin{vmatrix} 1 & 3 & 2 \\ 5 & 6 & 7 \\ 800 & 900 & 400 \end{vmatrix}$$

でもある。また、

$$\begin{vmatrix} 5 & 6 & 7 \\ 1 & 3 & 2 \\ 8 & 9 & 4 \end{vmatrix} = -\begin{vmatrix} 1 & 3 & 2 \\ 5 & 6 & 7 \\ 8 & 9 & 4 \end{vmatrix},$$

$$\begin{vmatrix} 1 & 3 & 2 \\ 8 & 9 & 4 \\ 5 & 6 & 7 \end{vmatrix} = -\begin{vmatrix} 1 & 3 & 2 \\ 5 & 6 & 7 \\ 8 & 9 & 4 \end{vmatrix},$$

$$\begin{vmatrix} 8 & 9 & 4 \\ 5 & 6 & 7 \\ 1 & 3 & 2 \end{vmatrix} = -\begin{vmatrix} 1 & 3 & 2 \\ 5 & 6 & 7 \\ 8 & 9 & 4 \end{vmatrix},$$

$$\begin{vmatrix} 1 & 3 & 2 \\ 5 & 6 & 7 \\ 8 & 9 & 4 \end{vmatrix} = \begin{vmatrix} 1 & 3 & 2 \\ 5 & 6 & 7 \\ 13 & 15 & 11 \end{vmatrix} = \begin{vmatrix} 51 & 63 & 72 \\ 5 & 6 & 7 \\ 13 & 15 & 11 \end{vmatrix} = \begin{vmatrix} 51 & 63 & 72 \\ -8 & -9 & -4 \\ 13 & 15 & 11 \end{vmatrix}$$

などもいえる。

11.3　行列式の乗法性

アイディア：行基本変形は基本行列との積で実現できるのであった。したがって、行列の積で行列式がどう変わるかを知りたくなる。

積の行列式（行列式の乗法性）

A, B を 2 次か 3 次の同じサイズの行列とする。

$$|AB| = |A||B|$$

証明：直接の計算で確かめられるので、ぜひやってみてほしい。

行列式の乗法性の系

上の条件に加え、$|A| \neq 0$ のとき、

$$|A^2| = |A|^2, \quad |A^{-1}| = |A|^{-1}.$$

例題 74. $A = \begin{pmatrix} 1 & 0 & 2 \\ 5 & 5 & 7 \\ 3 & 4 & 5 \end{pmatrix}$ とおく。$|A| \neq 0$ を確認し、$|A^2|, |A^{-1}|$ を求めよ。

▶解　どうしても A^2 や A^{-1} を求めたくなるがそうしなくてもいい。乗法性から、$|A^2| = |AA| = |A||A| = |A|^2, |E| = |AA^{-1}| = |A||A^{-1}|$ より、$|A^{-1}| = |A|^{-1}$ が言えるのでこれを使わない手はない。

$$\begin{vmatrix} 1 & 0 & 2 \\ 5 & 5 & 7 \\ 3 & 4 & 5 \end{vmatrix} \overset{3\text{列}-1\text{列}\times 2}{=\!=\!=} \begin{vmatrix} 1 & 0 & 0 \\ 5 & 5 & -3 \\ 3 & 4 & -1 \end{vmatrix}$$
$$= +1 \times 5 \times (-1) - 1 \times (-3) \times 4 + 0 + 0 + 0 + 0 = 7$$

より、

$$\left| \begin{pmatrix} 1 & 0 & 2 \\ 5 & 5 & 7 \\ 3 & 4 & 5 \end{pmatrix}^2 \right| = \left| \begin{pmatrix} 1 & 0 & 2 \\ 5 & 5 & 7 \\ 3 & 4 & 5 \end{pmatrix} \right|^2 = 7^2 = 49,$$

$$\left| \begin{pmatrix} 1 & 0 & 2 \\ 5 & 5 & 7 \\ 3 & 4 & 5 \end{pmatrix}^{-1} \right| = \left| \begin{pmatrix} 1 & 0 & 2 \\ 5 & 5 & 7 \\ 3 & 4 & 5 \end{pmatrix} \right|^{-1} = 7^{-1} = \frac{1}{7}.$$

例題 75. 3次の正方行列 A を行変形して、B を得たとする：

$$A \longrightarrow \cdots \longrightarrow B.$$

$|A| \neq 0 \iff |B| \neq 0$ を示せ。

▶解　仮定により、ある行列 P が存在して、$B = PA$ となる（しかも、P は基本行列の積）。したがって、乗法性から $|B| = |P||A|$ である。基本行列の行列式は（正則だから）0でないので、$|P| \neq 0$. したがって、

$$|A| \neq 0 \iff |B| \neq 0 \quad \text{がいえる。}$$

11.4　演習問題

問題 59. 次の行列式を計算せよ。

$$\begin{vmatrix} 11 & 13 & 15 \\ 17 & 19 & 21 \\ 23 & 25 & 27 \end{vmatrix} \quad \begin{vmatrix} a & bc & b+c \\ b & ca & c+a \\ c & ab & a+b \end{vmatrix} \quad \begin{vmatrix} \frac{1}{5} & 4 & \frac{1}{6} \\ \frac{3}{5} & -4 & \frac{1}{2} \\ \frac{2}{5} & 8 & \frac{1}{3} \end{vmatrix}$$

問題 60. $d = \begin{vmatrix} 112 & 216 & 370 \\ 429 & 524 & 603 \\ 705 & 809 & 999 \end{vmatrix}$ とする。次の値を d の式で表せ。

[1] $\begin{vmatrix} -112 & -216 & -370 \\ 429 & 524 & 603 \\ -705 & -809 & -999 \end{vmatrix} + \begin{vmatrix} 112 & 216 & 370 \\ 429 & 524 & 603 \\ 705 & 809 & 999 \end{vmatrix}$

[2] $\begin{vmatrix} 429 & 524 & 603 \\ 112 & 216 & 370 \\ 705 & 809 & 999 \end{vmatrix}$

[3] $\begin{vmatrix} 11.2 & 21.6 & 3.70 \\ 429 & 524 & 60.3 \\ 705 & 809 & 99.9 \end{vmatrix}$

問題 61. 次の行列式を計算せよ。

$$\left| \begin{pmatrix} 1 & 0 & 0 \\ 0 & 1 & -3 \\ 0 & 0 & 1 \end{pmatrix} \begin{pmatrix} 1 & 0 & 8 \\ 0 & 1 & 0 \\ 0 & 0 & 1 \end{pmatrix} \begin{pmatrix} 1 & -2 & 0 \\ 0 & 1 & 0 \\ 0 & 0 & 1 \end{pmatrix} \begin{pmatrix} 0 & 1 & 0 \\ 1 & 0 & 0 \\ 0 & 0 & 1 \end{pmatrix} \begin{pmatrix} 0 & 1 & 3 \\ 1 & 2 & -2 \\ 0 & 0 & 1 \end{pmatrix} \right|$$

問題 62. 冷静に行列式を計算せよ。

$$\begin{vmatrix} 1 & 3 & 15 \\ 5 & -9 & 3 \\ -1 & 1 & 0 \end{vmatrix} + 2 \begin{vmatrix} 1 & 3 & 15 \\ 5 & -9 & 3 \\ 4 & 1 & 2 \end{vmatrix} - 7 \begin{vmatrix} 5 & 1 & -7 \\ -\frac{9}{7} & \frac{3}{7} & -\frac{3}{7} \\ 3 & 15 & -4 \end{vmatrix}$$

問題 63. $\boldsymbol{a}_1, \boldsymbol{a}_2, \boldsymbol{a}_3$ をそれぞれ 3 次元の列ベクトル、A を $\boldsymbol{a}_1, \boldsymbol{a}_2, \boldsymbol{a}_3$ をこの順に並べてできた 3 次の正方行列とする。ある実数の組 $(\lambda_1, \lambda_2, \lambda_3) \neq (0, 0, 0)$ が存在して

$$\lambda_1 \boldsymbol{a}_1 + \lambda_2 \boldsymbol{a}_2 + \lambda_3 \boldsymbol{a}_3 = \boldsymbol{0}$$

が成り立つとき、$\boldsymbol{a}_1, \boldsymbol{a}_2, \boldsymbol{a}_3$ は**一次従属**であるという。

$\boldsymbol{a}_1, \boldsymbol{a}_2, \boldsymbol{a}_3$ が一次従属 $\Longrightarrow \det(A) = 0$ を示せ。

11.5　演習問題解答

解答 59.

$$\begin{vmatrix} 11 & 13 & 15 \\ 17 & 19 & 21 \\ 23 & 25 & 27 \end{vmatrix} \overset{2\text{行}-1\text{行}}{\underset{3\text{行}-1\text{行}}{=\!=\!=}} \begin{vmatrix} 11 & 13 & 15 \\ 6 & 6 & 6 \\ 12 & 12 & 12 \end{vmatrix} = 72 \begin{vmatrix} 11 & 13 & 15 \\ 1 & 1 & 1 \\ 1 & 1 & 1 \end{vmatrix} = 0.$$

$$\begin{vmatrix} a & bc & b+c \\ b & ca & c+a \\ c & ab & a+b \end{vmatrix} \overset{2\text{行}-3\text{行}}{\underset{1\text{行}-2\text{行}}{=\!=\!=}} \begin{vmatrix} a-b & c(b-a) & b-a \\ b-c & a(c-b) & c-b \\ c & ab & a+b \end{vmatrix}$$

$$\overset{1\text{行の共通因子をくくり出す}}{\underset{2\text{行の共通因子をくくり出す}}{=\!=\!=}} (a-b)(b-c) \begin{vmatrix} 1 & -c & -1 \\ 1 & -a & -1 \\ c & ab & a+b \end{vmatrix}$$

$$= (a-b)(b-c) \begin{vmatrix} 1 & 0 & 0 \\ 1 & c-a & 0 \\ c & ab+c^2 & a+b+c \end{vmatrix}$$

$$= (a-b)(b-c)(c-a)(a+b+c).$$

$$\begin{vmatrix} \frac{1}{5} & 4 & \frac{1}{6} \\ \frac{3}{5} & -4 & \frac{1}{2} \\ \frac{2}{5} & 8 & \frac{1}{3} \end{vmatrix} \underset{1\text{ 列から共通因子 }1/5\text{ をくくり出す}}{=\!=\!=} \frac{1}{5} \begin{vmatrix} 1 & 4 & \frac{1}{6} \\ 3 & -4 & \frac{3}{6} \\ 2 & 8 & \frac{2}{6} \end{vmatrix}$$

$$\underset{3\text{ 列から共通因子 }1/6\text{ をくくり出す}}{=\!=\!=} \frac{1}{5}\frac{1}{6} \begin{vmatrix} 1 & 4 & 1 \\ 3 & -4 & 3 \\ 2 & 8 & 2 \end{vmatrix}$$

$$\underset{\text{同じ列が存在する}}{=\!=\!=} \frac{1}{5}\frac{1}{6} \times 0 = 0.$$

解答 60.

[1] $-(-d) + d = 2d$

[2] $-d$

[3] $0.01d$

解答 61. 乗法性により、5 個の行列の行列式を別個に計算し、積をとればよい。左から順に $1, 1, 1, -1, -1$ なので答えは 1 である。

解答 62. 行列式の性質を組み合わせて計算する。

$$
\begin{aligned}
(\text{与式}) &= \begin{vmatrix} 1 & 3 & 15 \\ 5 & -9 & 3 \\ -1 & 1 & 0 \end{vmatrix} + 2\begin{vmatrix} 1 & 3 & 15 \\ 5 & -9 & 3 \\ 4 & 1 & 2 \end{vmatrix} - \begin{vmatrix} 5 & 1 & -7 \\ -9 & 3 & -3 \\ 3 & 15 & -4 \end{vmatrix} \\
&= \begin{vmatrix} 1 & 3 & 15 \\ 5 & -9 & 3 \\ -1 & 1 & 0 \end{vmatrix} + 2\begin{vmatrix} 1 & 3 & 15 \\ 5 & -9 & 3 \\ 4 & 1 & 2 \end{vmatrix} - (-1)\begin{vmatrix} 1 & 5 & -7 \\ 3 & -9 & -3 \\ 15 & 3 & -4 \end{vmatrix} \\
&= \begin{vmatrix} 1 & 3 & 15 \\ 5 & -9 & 3 \\ -1 & 1 & 0 \end{vmatrix} + \begin{vmatrix} 1 & 3 & 15 \\ 5 & -9 & 3 \\ 8 & 2 & 4 \end{vmatrix} + \begin{vmatrix} 1 & 3 & 15 \\ 5 & -9 & 3 \\ -7 & -3 & -4 \end{vmatrix} \\
&= \begin{vmatrix} 1 & 3 & 15 \\ 5 & -9 & 3 \\ (-1)+8+(-7) & 1+2+(-3) & 0+4+(-4) \end{vmatrix} \\
&= \begin{vmatrix} 1 & 3 & 15 \\ 5 & -9 & 3 \\ 0 & 0 & 0 \end{vmatrix} = 0.
\end{aligned}
$$

解答 63. $\boldsymbol{a}_1, \boldsymbol{a}_2, \boldsymbol{a}_3$ が一次従属であると仮定する。すると、ある実数の組 $(\lambda_1, \lambda_2, \lambda_3)$ で $(\lambda_1, \lambda_2, \lambda_3) \neq (0, 0, 0)$ かつ

$$
\lambda_1 \boldsymbol{a}_1 + \lambda_2 \boldsymbol{a}_2 + \lambda_3 \boldsymbol{a}_3 = \boldsymbol{0}
$$

となるものが存在する。条件から、$(\lambda_1, \lambda_2, \lambda_3)$ のうち少なくとも 1 つは 0 ではない。そこで、まず $\lambda_1 \neq 0$ のときを考えよう。

$$
\boldsymbol{a}_1 = -\lambda_1^{-1}(\lambda_2 \boldsymbol{a}_2 + \lambda_3 \boldsymbol{a}_3)
$$

と $\boldsymbol{a}_1$ は $\boldsymbol{a}_2, \boldsymbol{a}_3$ の一次結合で表せるから、

$$
\begin{aligned}
\det(A) &= \det(\boldsymbol{a}_1, \boldsymbol{a}_2, \boldsymbol{a}_3) \\
&= \det(-\lambda_1^{-1}(\lambda_2 \boldsymbol{a}_2 + \lambda_3 \boldsymbol{a}_3), \boldsymbol{a}_2, \boldsymbol{a}_3) \\
&= -\lambda_1^{-1}\lambda_2 \underbrace{\det(\boldsymbol{a}_2, \boldsymbol{a}_2, \boldsymbol{a}_3)}_{0} - \lambda_1^{-1}\lambda_3 \underbrace{\det(\boldsymbol{a}_3, \boldsymbol{a}_2, \boldsymbol{a}_3)}_{0} = 0.
\end{aligned}
$$

$\lambda_2 \neq 0$ または $\lambda_3 \neq 0$ のときも同様である。

第12章　余因子展開

12.1　余因子

$A=(a_{ij})$ を3次の正方行列とする。
記号 “A_{ij}” で A から i 行と j 列を除いてできた行列（A の**小行列**）を表す。また、

$$\widetilde{a}_{ij}=(-1)^{i+j}|A_{ij}|$$

を A の $\boldsymbol{(i,j)}$ **余因子**と呼ぶ。

(i,j) のチョイスは全部で $3\times 3=9$ 通りあるので、$\widetilde{A}$ の小行列式や余因子もそれに対応してのべ9個ずつある。

例題 76. $A=\begin{pmatrix}2&0&1\\1&3&1\\8&2&5\end{pmatrix}$ の小行列と余因子をすべて計算せよ。

▶ 解

$$A_{11}=\begin{pmatrix}&&\\&3&1\\&2&5\end{pmatrix}\quad A_{21}=\begin{pmatrix}&0&1\\&&\\&2&5\end{pmatrix}\quad A_{31}=\begin{pmatrix}&0&1\\&3&1\\&&\end{pmatrix}$$

$$A_{12}=\begin{pmatrix}&&\\1&&1\\8&&5\end{pmatrix}\quad A_{22}=\begin{pmatrix}2&&1\\&&\\8&&5\end{pmatrix}\quad A_{32}=\begin{pmatrix}2&&1\\1&&1\\&&\end{pmatrix}$$

$$A_{13}=\begin{pmatrix}&&\\1&3&\\8&2&\end{pmatrix}\quad A_{23}=\begin{pmatrix}2&0&\\&&\\8&2&\end{pmatrix}\quad A_{33}=\begin{pmatrix}2&0&\\1&3&\\&&\end{pmatrix}$$

$$\widetilde{a}_{11} = (-1)^{1+1}\begin{vmatrix} & & \\ & 3 & 1 \\ & 2 & 5 \end{vmatrix} = 13 \quad \widetilde{a}_{21} = (-1)^{2+1}\begin{vmatrix} & 0 & 1 \\ & & \\ & 2 & 5 \end{vmatrix} = 2 \quad \widetilde{a}_{31} = (-1)^{3+1}\begin{vmatrix} & 0 & 1 \\ & 3 & 1 \\ & & \end{vmatrix} = -3$$

$$\widetilde{a}_{12} = (-1)^{1+2}\begin{vmatrix} & & \\ 1 & & 1 \\ 8 & & 5 \end{vmatrix} = 3 \quad \widetilde{a}_{22} = (-1)^{2+2}\begin{vmatrix} 2 & & 1 \\ & & \\ 8 & & 5 \end{vmatrix} = 2 \quad \widetilde{a}_{32} = (-1)^{3+2}\begin{vmatrix} 2 & & 1 \\ 1 & & 1 \\ & & \end{vmatrix} = -1$$

$$\widetilde{a}_{13} = (-1)^{1+3}\begin{vmatrix} & & \\ 1 & 3 & \\ 8 & 2 & \end{vmatrix} = -22 \quad \widetilde{a}_{23} = (-1)^{2+3}\begin{vmatrix} 2 & 0 & \\ & & \\ 8 & 2 & \end{vmatrix} = -4 \quad \widetilde{a}_{33} = (-1)^{3+3}\begin{vmatrix} 2 & 0 & \\ 1 & 3 & \\ & & \end{vmatrix} = 6.$$

定理（行列式の余因子展開）

任意の3次正方行列 $A = (a_{ij})$ に対して、

$$\sum_{k=1}^{3} a_{ik}\widetilde{a}_{ik} = \sum_{k=1}^{3} a_{kj}\widetilde{a}_{kj} = |A| \quad (1 \leq i, j \leq 3)$$ が成り立つ。

行列式 $|A|$ を

$$\sum_{k=1}^{3} a_{ik}\widetilde{a}_{ik}$$

として計算することを **i 行で余因子展開する**という。同様にして、$|A|$ を

$$\sum_{k=1}^{3} a_{kj}\widetilde{a}_{kj}$$

として計算することを **j 列で余因子展開する**という。

余因子展開の発想は、非常にシンプルである：行列式を小分けにして計算する。つまり、$|A|$ を計算する過程で a_{ij} が出てくる項（ちょうど2つある）をまとめて扱い、残りの因子を余因子 $\widetilde{a}_{ij}$ と呼んでいる。なお、余因子は必ず A の小行列の ± 1 倍になっている。その符号は (i, j) によって決まる。

+	−	+
−	+	−
+	−	+

また、行列式は**入れ子**構造を持つ（入れ子とは、同じような構造が階層になって続いていること）：3 次の行列式は、1 次の行列式と 2 次の行列式の和になっている。

$$\underbrace{|A|}_{3\text{ 次の行列式}} = \sum_{k=1}^{3} \underbrace{a_{ik}}_{1\text{ 次の行列式}} \underbrace{\widetilde{a}_{ik}}_{2\text{ 次の行列式}}$$

例題 77. $A = \begin{pmatrix} 2 & 0 & 1 \\ 1 & 3 & 1 \\ 8 & 2 & 5 \end{pmatrix}$ とおく。

[1] 素直に $|A|$ を計算せよ。

[2] $|A|$ を 1 列で余因子展開してその計算式を書き下せ。

[3] $|A|$ を 2 行で余因子展開してその計算式を書き下せ。

▶ 解

[1] 素直に $|A|$ を計算すると

$$\begin{aligned} |A| &= 2 \times 3 \times 5 - 2 \times 1 \times 2 + 0 \times 1 \times 8 \\ &\quad - 0 \times 1 \times 5 + 1 \times 1 \times 2 - 1 \times 3 \times 8 \\ &= 4. \end{aligned}$$

[2] 1 列による余因子展開。A の 1 列は

$$\begin{pmatrix} 2 \\ 1 \\ 8 \end{pmatrix} = \begin{pmatrix} 2 \\ 0 \\ 0 \end{pmatrix} + \begin{pmatrix} 0 \\ 1 \\ 0 \end{pmatrix} + \begin{pmatrix} 0 \\ 0 \\ 8 \end{pmatrix}$$

なので、多重線形性を用いて

$$\begin{vmatrix} 2 & 0 & 1 \\ 1 & 3 & 1 \\ 8 & 2 & 5 \end{vmatrix} = \begin{vmatrix} 2 & 0 & 1 \\ 0 & 3 & 1 \\ 0 & 2 & 5 \end{vmatrix} + \begin{vmatrix} 0 & 0 & 1 \\ 1 & 3 & 1 \\ 0 & 2 & 5 \end{vmatrix} + \begin{vmatrix} 0 & 0 & 1 \\ 0 & 3 & 1 \\ 8 & 2 & 5 \end{vmatrix}$$

のように分ける。これを計算すると、

$$|A| = \underbrace{2}_{a_{11}} \underbrace{(-1)^{1+1} \begin{vmatrix} 3 & 1 \\ 2 & 5 \end{vmatrix}}_{\widetilde{a}_{11}} + \underbrace{1}_{a_{21}} \underbrace{(-1)^{2+1} \begin{vmatrix} 0 & 1 \\ 2 & 5 \end{vmatrix}}_{\widetilde{a}_{21}} + \underbrace{8}_{a_{31}} \underbrace{(-1)^{3+1} \begin{vmatrix} 0 & 1 \\ 3 & 1 \end{vmatrix}}_{\widetilde{a}_{31}}.$$

これが 1 列での余因子展開

$$|A| = a_{11}\widetilde{a}_{11} + a_{21}\widetilde{a}_{21} + a_{31}\widetilde{a}_{31} = 4$$

の詳細である。

[3] $\widetilde{A}$ の 2 行 $(1,3,1)$ を

$$(1,3,1) = (1,0,0) + (0,3,0) + (0,0,1)$$

と考える。やはり多重線形性を用いて、

$$\begin{vmatrix} 2 & 0 & 1 \\ 1 & 3 & 1 \\ 8 & 2 & 5 \end{vmatrix} = \begin{vmatrix} 2 & 0 & 1 \\ 1 & 0 & 0 \\ 8 & 2 & 5 \end{vmatrix} + \begin{vmatrix} 2 & 0 & 1 \\ 0 & 3 & 0 \\ 8 & 2 & 5 \end{vmatrix} + \begin{vmatrix} 2 & 0 & 1 \\ 0 & 0 & 1 \\ 8 & 2 & 5 \end{vmatrix}$$

$$= 1(-1)^{2+1}\begin{vmatrix} 0 & 1 \\ 2 & 5 \end{vmatrix} + 3\begin{vmatrix} 2 & 1 \\ 8 & 5 \end{vmatrix} + 1(-1)^{2+3}\begin{vmatrix} 2 & 0 \\ 8 & 2 \end{vmatrix}$$
$$= 4.$$

これは

$$|A| = a_{21}\widetilde{a}_{21} + a_{22}\widetilde{a}_{22} + a_{22}\widetilde{a}_{22} = 4$$ を表す。

12.2 余因子行列

$\widetilde{a}_{ij} = (-1)^{i+j}|A_{ij}|$ を $((i,j)$-成分ではなく$)$ (j,i)-成分とする $(3,3)$ 型行列を $\widetilde{A}$ で表し、A の**余因子行列**と呼ぶ。

$$A = \begin{pmatrix} 2 & 0 & 1 \\ 1 & 3 & 1 \\ 8 & 2 & 5 \end{pmatrix} \text{ ならば、 } \widetilde{A} = \begin{pmatrix} \widetilde{a}_{11} & \widetilde{a}_{21} & \widetilde{a}_{31} \\ \widetilde{a}_{12} & \widetilde{a}_{22} & \widetilde{a}_{32} \\ \widetilde{a}_{13} & \widetilde{a}_{23} & \widetilde{a}_{33} \end{pmatrix} = \begin{pmatrix} 13 & 2 & -3 \\ 3 & 2 & -1 \\ -22 & -4 & 6 \end{pmatrix}.$$

ここでミラクルが起きる：

$$A\widetilde{A} = \begin{pmatrix} 2 & 0 & 1 \\ 1 & 3 & 1 \\ 8 & 2 & 5 \end{pmatrix}\begin{pmatrix} 13 & 2 & -3 \\ 3 & 2 & -1 \\ -22 & -4 & 6 \end{pmatrix} = \begin{pmatrix} 4 & 0 & 0 \\ 0 & 4 & 0 \\ 0 & 0 & 4 \end{pmatrix} = 4E_3,$$

$$\widetilde{A}A = \begin{pmatrix} 13 & 2 & -3 \\ 3 & 2 & -1 \\ -22 & -4 & 6 \end{pmatrix}\begin{pmatrix} 2 & 0 & 1 \\ 1 & 3 & 1 \\ 8 & 2 & 5 \end{pmatrix} = \begin{pmatrix} 4 & 0 & 0 \\ 0 & 4 & 0 \\ 0 & 0 & 4 \end{pmatrix} = 4E_3.$$

これらの両辺を $4 = |A|$ で割れば、等式

$$A\left(\frac{1}{4}\widetilde{A}\right) = \left(\frac{1}{4}\widetilde{A}\right)A = E_3$$

を得る。逆行列の定義に照らし合わせれば、これはまさに

$$A^{-1} = \frac{\widetilde{A}}{|A|} = \frac{1}{4}\begin{pmatrix} 13 & 2 & -3 \\ 3 & 2 & -1 \\ -22 & -4 & 6 \end{pmatrix}$$

を示している。余因子行列の計算の副産物として、逆行列を求めることができた。これは偶然ではなく、他の 3 次の正則な行列についても成り立つ。実は、正則でなくても、A と余因子行列 $\widetilde{A}$ の間に興味深い関係式が成り立つ。詳細を記述するために、**クロネッカーデルタ**という便利なアイディアを導入しよう。これは 2 変数の関数で、

$$\delta_{ij} = \begin{cases} 1 & i = j \\ 0 & i \neq j \end{cases}$$

を満たすものである。この記号を用いると、単位行列は $E_n = (\delta_{ij})$ と表せる。例えば

$$E_3 = \begin{pmatrix} 1 & 0 & 0 \\ 0 & 1 & 0 \\ 0 & 0 & 1 \end{pmatrix} = \begin{pmatrix} \delta_{11} & \delta_{12} & \delta_{13} \\ \delta_{21} & \delta_{22} & \delta_{23} \\ \delta_{31} & \delta_{32} & \delta_{33} \end{pmatrix}.$$

定理（余因子とクロネッカーデルタ）

3 次の正方行列 A について次が成り立つ。

$$\sum_{k=1}^{3} a_{ik}\widetilde{a}_{jk} = \sum_{k=1}^{3} a_{ki}\widetilde{a}_{kj} = \delta_{ij}|A| \quad (1 \leq i, j \leq 3)$$

この定理は余因子展開の公式を完全に含んでいる ($i = j$ のときがそう)。

定理（行列式、余因子行列、逆行列の関係）

3 次の正方行列 A について次が成り立つ。

$$A\widetilde{A} = \widetilde{A}A = |A|E_3$$

特に、$|A| \neq 0$ のとき、A^{-1} が存在して、

$$A^{-1} = \frac{\widetilde{A}}{|A|}.$$

※この方法で逆行列を簡単に求めることができる。さらに、逆行列が存在するかしないかも判定できるわけだ。

12.3　余因子展開の証明

ではなぜ $A\widetilde{A} = |A|E_3$ が成り立つのだろうか？ 成分で書き下してもよいが、もっと洗練された証明があるので紹介しよう。

3 次の正方行列 $A = (a_{ij})$ に対して 2 変数関数

$$f_A(i,j) = \sum_{k=1}^{3} a_{ik}\widetilde{a}_{jk} \quad (i,j = 1,2,3)$$

を考える。（注：この関数は、A の行ベクトルを $\boldsymbol{a}_i$, $\widetilde{A}$ の（行ベクトルでなく）列ベクトルを $\widetilde{\boldsymbol{a}}_j$ とすれば、内積を用いて

$$(\boldsymbol{a}_i, \widetilde{\boldsymbol{a}}_j) = \sum_{k=1}^{3} a_{ik}\widetilde{a}_{jk}$$

と表せる。すなわち、行列 $A\widetilde{A}$ の (i,j) 成分だ）

次の 2 つの場合に分けて、この値を評価しよう。

- $i = j$ のとき

$$f_A(i,i) = \sum_{k=1}^{3} a_{ik}\widetilde{a}_{ik}$$ は $|A|$ の i 行に対する余因子展開なので、$f_A(i,i) = |A|$.

- $i \neq j$ のとき

$$f_A(i,j) = \sum_{k=1}^{3} a_{ik}\widetilde{a}_{jk}$$

今、B を A の i 行を j 行でおきかえてできる行列とすると、

$f_A(i,j)$ は $|B|$ の j 行に対する余因子展開

である。しかし、B には同じ行が存在するので、$f_A(i,j) = |B| = 0.$

まとめると、

$$f_A(i,j) = \begin{cases} |A| & i = j \\ 0 & i \neq j \end{cases}$$ が成り立つ。

これは $A\widetilde{A}$ の (i,j) 成分と $|A|E_3$ の (i,j) 成分が等しいことを示している（したがって、非正則な正方行列とその余因子行列を使うと、零因子を構成することができる）。

本章の結果は、２次の場合でも同様に成り立つ。特に、$A = \begin{pmatrix} a_{11} & a_{12} \\ a_{21} & a_{22} \end{pmatrix}$ とすると、

$$\widetilde{a}_{11} = a_{22}, \widetilde{a}_{12} = -a_{21}, \widetilde{a}_{21} = -a_{12}, \widetilde{a}_{22} = a_{11}$$ （余因子の符号に注意）

であるから、$|A| \neq 0$ のとき

$$A^{-1} = \frac{1}{a_{11}a_{22} - a_{12}a_{21}} \begin{pmatrix} a_{22} & -a_{12} \\ -a_{21} & a_{11} \end{pmatrix} = \frac{1}{|A|}\widetilde{A}$$

とすでに見た結果と一致する。

12.4 演習問題

問題 64. $A = \begin{pmatrix} 1 & 2 & 3 \\ 8 & 9 & 4 \\ 7 & 6 & 5 \end{pmatrix}$ とおく。

[1] 1行で余因子展開して、$|A|$ を計算せよ。
(つまり、$a_{11}\widetilde{a}_{11} + a_{12}\widetilde{a}_{12} + a_{13}\widetilde{a}_{13}$ を書き下せ)

[2] 2列で余因子展開して、$|A|$ を計算せよ。
(つまり、$a_{12}\widetilde{a}_{12} + a_{22}\widetilde{a}_{22} + a_{32}\widetilde{a}_{32}$ を書き下せ)

[3] $a_{13}\widetilde{a}_{12} + a_{23}\widetilde{a}_{22} + a_{33}\widetilde{a}_{32}$ (添字に注意) を計算し、0になることを確かめよ。

[4] $a_{31}\widetilde{a}_{21} + a_{32}\widetilde{a}_{22} + a_{33}\widetilde{a}_{23}$ (添字に注意) を計算し、0になることを確かめよ。

問題 65. $A = \begin{pmatrix} 3 & 1 & 2 \\ 0 & -1 & 4 \\ -3 & 1 & 1 \end{pmatrix}$ とする。A^{-1} の第3行ベクトルを求めよ。

問題 66. $A = \begin{pmatrix} 2 & 0 & 1 \\ 0 & 4 & 0 \\ -2 & 0 & 1 \end{pmatrix}$ とおく。

[1] $|A| \neq 0$ を示せ。

[2] 余因子をすべて計算して、A^{-1} を求めよ。

問題 67. $A = \begin{pmatrix} 1 & 2 & 3 \\ 4 & 5 & 6 \\ 7 & 8 & 9 \end{pmatrix}$ とする。$A\widetilde{A} = \widetilde{A}A = O_3$ を確かめよ。

問題 68. A を3次の正則行列とする。$|\widetilde{A}| = |A|^2$ を示せ。

12.5　演習問題解答

解答 64.　[1] $1\begin{vmatrix} 9 & 4 \\ 6 & 5 \end{vmatrix} + 2(-1)\begin{vmatrix} 8 & 4 \\ 7 & 5 \end{vmatrix} + 3\begin{vmatrix} 8 & 9 \\ 7 & 6 \end{vmatrix} = -48.$

[2] $+2(-1)\begin{vmatrix} 8 & 4 \\ 7 & 5 \end{vmatrix} + 9\begin{vmatrix} 1 & 3 \\ 7 & 5 \end{vmatrix} + 6(-1)\begin{vmatrix} 1 & 3 \\ 8 & 4 \end{vmatrix} = -48.$

[3] $+3(-1)\begin{vmatrix} 8 & 4 \\ 7 & 5 \end{vmatrix} + 4\begin{vmatrix} 1 & 3 \\ 7 & 5 \end{vmatrix} + 5(-1)\begin{vmatrix} 1 & 3 \\ 8 & 4 \end{vmatrix} = -36 - 64 + 100 = 0.$

[4] $7(-1)\begin{vmatrix} 2 & 3 \\ 6 & 5 \end{vmatrix} + 6\begin{vmatrix} 1 & 3 \\ 7 & 5 \end{vmatrix} + 5(-1)\begin{vmatrix} 1 & 2 \\ 7 & 6 \end{vmatrix} = 0.$

解答 65. A^{-1} の第 3 行$=\dfrac{\widetilde{A}}{|A|}$ の第 3 行 $= \dfrac{1}{|A|}(\widetilde{a}_{13}, \widetilde{a}_{23}, \widetilde{a}_{33})$ であるから、この 4 つの値を計算すればよい。

$$|A| = \begin{vmatrix} 3 & 1 & 2 \\ 0 & -1 & 4 \\ 0 & 2 & 3 \end{vmatrix} = -33,$$

$$\widetilde{a}_{13} = \begin{vmatrix} 0 & -1 \\ -3 & 1 \end{vmatrix} = -3,$$

$$\widetilde{a}_{23} = -\begin{vmatrix} 3 & 1 \\ -3 & 1 \end{vmatrix} = -6,$$

$$\widetilde{a}_{33} = \begin{vmatrix} 3 & 1 \\ 0 & -1 \end{vmatrix} = -3$$

より、答えは $\dfrac{1}{-33}(-3, -6, -3) = \dfrac{1}{11}(1, 2, 1).$

解答 66. $|A| = 16 \neq 0.$ 9 つの余因子を計算して、$A^{-1} = \dfrac{1}{16}\begin{pmatrix} 4 & 0 & -4 \\ 0 & 4 & 0 \\ 8 & 0 & 8 \end{pmatrix}.$

解答 67. まず、$|A| = 0$ と $\widetilde{A} = \begin{pmatrix} -3 & 6 & -3 \\ 6 & -12 & 6 \\ -3 & 6 & -3 \end{pmatrix}$ を確かめよ。定理から $A\widetilde{A} = \widetilde{A}A = 0E_3 = O_3$ となる。

解答 68. 等式 $A\widetilde{A} = |A|E_3$ の両辺の行列式をとると、

$$\left|A\widetilde{A}\right| = ||A|E_3|,$$

行列式の乗法性と多重線形性から

$$|A||\widetilde{A}| = |A|^3|E_3| = |A|^3.$$

ここで、仮定により $|A| \neq 0$ だから、

$$|\widetilde{A}| = |A|^2.$$

第13章　複素数

13.1　複素数とは？

本書では、実数のみを扱ってきた。実数の基本的な性質は、次の非負性である。

すべての実数 x に対して、$x^2 \geq 0$ が成り立つ。

ここで、実数を含む新たな種類の数を考えて、あえてこのルールを破ってみよう。**虚数単位** i を $i^2 = -1$ を満たす数として導入する。そして、**複素数**とは $x + yi$ (x, y 実数) の形の数のこととする。複素数全体の集合を太字の記号 "$\mathbf{C}$" で表す：

$$\mathbf{C} = \{x + yi \mid x, y \text{ は実数}\}.$$

特に、$y = 0$ のときを考えれば $\mathbf{C}$ は実数の集合を含む。

複素数の間に次の5種類の演算を定める。

和： $(x + yi) + (u + vi) = (x + u) + (y + v)i$

実数倍： $a(x + yi) = ax + ayi$　(a は実数)

大きさ： $|x + yi| = \sqrt{x^2 + y^2}$

共役： $\overline{x + yi} = x - yi$

積： $(x + yi)(u + vi) = (xu - yv) + (xv + yu)i$

特に、$x = u = 0, y = v = 1$ のとき $i^2 = -1$.

複素数の計算法則

$z + w = w + z$	(和の可換法則)
$(z_1 + z_2) + z_3 = z_1 + (z_2 + z_3)$	(和の結合法則)
$zw = wz$	(積の可換法則)
$(z_1 z_2) z_3 = z_1 (z_2 z_3)$	(積の結合法則)
$z(w_1 + w_2) = zw_1 + zw_2$	(分配法則)
$(z_1 + z_2)w = z_1 w + z_2 w$	(分配法則)

0,1 は複素数の中でもやはり特別な位置を占める。

$$z0 = 0z = 0, \qquad z + 0 = 0 + z = z,$$
$$z = 0 \iff |z| = 0, \qquad z1 = 1z = z.$$

上のような形式化は、i を文字と考えて、多項式のように計算してよいということである。ただし、途中で i^2 が出て来たら -1 で置き換える。

例題 78. 次の複素数を $x + yi$ $(x, y$ 実数$)$ の形に表せ。

[1] $(5 + 3i) - 2(1 + 2i)$

[2] $(1 + i)^2$

[3] $\dfrac{5 + 4i}{1 + i}$

[4] $\dfrac{1}{i}$

▶ 解

$$(5 + 3i) - 2(1 + 2i) = (5 - 2) + (3 - 4)i = 3 - i,$$

$$(1 + i)^2 = 1 + 2i + i^2 = 1 + 2i - 1 = 2i.$$

分数の場合は、次のように分母の共役を分母分子にかけて分母に i が残らないようにする（分母の実数化）。

$$\frac{5 + 4i}{1 + i} = \frac{(5 + 4i)(1 - i)}{(1 + i)(1 - i)} = \frac{5 - 5i + 4i - 4i^2}{1^2 + 1^2} = \frac{9}{2} - \frac{1}{2}i.$$

特に、

$$\frac{1}{i} = \frac{1(-i)}{i(-i)} = \frac{-i}{1} = -i.$$

例題 79. $i^2 = -1, i^4 = 1$ を利用して i^{99}, i^{-35} を求めよ。

▶ 解

$$i^{99} = i^{4\times 24+3} = (i^4)^{24} i^3 = -i,$$

$$i^{-35} = \frac{1}{i^{35}} = \frac{1}{i^{4\times 8+3}} = \frac{1}{i^3} = \frac{1}{-i} = \frac{i}{(-i)i} = i.$$

複素数の相等

$z = x + yi$ (x, y は実数) のとき、x を z の**実部**、y を**虚部**という。(yi でなく、"y" を虚部と呼ぶのが慣習である) 記号で次のように書く。

$$\mathrm{Re}\,(x + yi) = x, \quad \mathrm{Im}\,(x + yi) = y.$$

複素数の相等は

$$z_1 = z_2 \iff \mathrm{Re}\,z_1 = \mathrm{Re}\,z_2, \mathrm{Im}\,z_1 = \mathrm{Im}\,z_2$$

で定める。これはベクトルの等式と発想はまったく同じである。

例題 80. $z = (2a + 3) - 3bi, w = (-b + 7) + (a + 5)i$ とする。$z = \overline{w}$ となるように実数 a, b の値を定めよ。

▶ 解　$z = \overline{w} \iff (2a + 3) - 3bi = (-b + 7) - (a + 5)i$
$\iff 2a + 3 = -b + 7, -3b = -(a + 5) \iff a = 1, b = 2.$

複素数 z が実数である（要するに、x 軸上にある）ための必要十分条件は次の通り。

$$z \text{が実数} \iff \overline{z} = z \iff \mathrm{Im}\,(z) = 0.$$

複素数 z が**純虚数**である（要するに、y 軸上にある）とは、$\mathrm{Re}\,(z) = 0$ が成り立つことをいう。

$$z \text{が純虚数} \iff \overline{z} = -z \iff \mathrm{Re}\,(z) = 0.$$

複素数は他にもいろいろな性質がある。

複素数の等式・不等式

$z\overline{z} = \|z\|^2 \geq 0$	$\overline{zw} = \overline{z}\,\overline{w}$
$\overline{\overline{z}} = z$	$\overline{z + w} = \overline{z} + \overline{w}$
$z + \overline{z} = 2\mathrm{Re}\,(z)$	$z - \overline{z} = 2i\mathrm{Im}\,(z)$
$\mathrm{Re}\,(z) \leq \|z\|$	$\mathrm{Im}\,(z) \leq \|z\|$

注意：実数は数直線と同一視できるので、任意の実数 x_1, x_2 に対して

$$x_1 < x_2, \quad x_1 = x_2, \quad x_1 > x_2$$

のいずれかが成り立つ。しかし複素数は平面と同一視するので、このような単純な大小関係は存在しない。

13.2　大きさと偏角

複素数 $z = x + yi$ $(x, y$ 実数$)$ に対して、非負実数

$$|z| = \sqrt{x^2 + y^2}$$

を z の**大きさ（絶対値）**という。実数 $x = x + 0i$ に対しては、$|x| = \sqrt{x^2 + 0^2} = \sqrt{x^2}$ なので、絶対値の拡張と考えてよい。

例題 81. $|\overline{z}| = |z|$, $z\overline{z} = |z|^2$ を示せ。

▶ 解

$$|\overline{z}| = \sqrt{x^2 + (-y)^2} = \sqrt{x^2 + y^2} = |z|.$$

$$z\overline{z} = (x + yi)\overline{(x + yi)} = (x + yi)(x - yi) = x^2 + y^2 = |z|^2.$$

$z^2 \neq |z|^2$ なので注意。z^2 は実数とは限らない。

例題 82. $z = 3 + 4i$ とする。z^2 と $|z|^2$ を計算せよ。

▶ 解　$z^2 = (3 + 4i)^2 = 9 + 24i + 16i^2 = -7 + 24i$, $|z|^2 = 3^2 + 4^2 = 5$.

例題 83. $|x - 5i| = \sqrt{13}$ となる実数 x の値を求めよ。

▶ 解　$|x - 5i| = \sqrt{13}$ であるから、$\sqrt{x^2 + (-5)^2} = \sqrt{13}$. よって、$x = \pm 12$.

$z = x + yi$ $(x, y$ 実数$)$ に対して

$$\tan\theta = \frac{y}{x}, \quad 0 \leq \theta < 2\pi$$

を満たす角度 θ を z の**偏角**といい、$\theta = \arg z$ と表す。したがって

$$\cos\theta = \frac{x}{\sqrt{x^2 + y^2}},$$

$$\sin\theta = \frac{y}{\sqrt{x^2 + y^2}}$$

である。ただし、$x = 0$, $y > 0$ のときは $\theta = \dfrac{\pi}{2}$, $x = 0$, $y < 0$ のときは $\theta = -\dfrac{\pi}{2}$ と解釈する。また、$x = y = 0$（要するに、$z = 0$）のとき偏角は定めない。

等式

$$z = |z|(\cos\theta + i\sin\theta)$$

の右辺を複素数 z の**極形式**と呼ぶ。

特に、$|z| = 1$ を満たす複素平面上の点を**単位円**という。すると、単位円周上の点 z の極形式は

$$z = \cos\theta + i\sin\theta, \quad 0 \leq \theta < 2\pi$$

の形になる。

例題 84. 複素数 $i, -1, 1+i, -1+\sqrt{3}i$ をそれぞれ極形式で表せ。

▶ 解　$|i| = 1, \arg i = \dfrac{\pi}{2}$ より

$$i = 1\left(\cos\left(\frac{\pi}{2}\right) + i\sin\left(\frac{\pi}{2}\right)\right).$$

$|-1| = 1, \arg(-1) = \pi$ より

$$-1 = 1\left(\cos\left(\pi\right) + i\sin\left(\pi\right)\right).$$

同様にして、

$$1+i = \sqrt{2}\left(\cos\left(\frac{\pi}{4}\right) + i\sin\left(\frac{\pi}{4}\right)\right),$$

$$-1+\sqrt{3}i = 2\left(\cos\left(\frac{2\pi}{3}\right) + i\sin\left(\frac{2\pi}{3}\right)\right).$$

例題 85. $|z| = 1$ のとき、$\overline{z} = \dfrac{1}{z}$ を示せ。

▶ 解　$|z| = 1$ より $z\overline{z} = |z|^2 = 1^2 = 1$. 両辺を z で割ると $\overline{z} = \dfrac{1}{z}$ を得る。

別解：$z = \cos\theta + i\sin\theta$ とすると、$\overline{z} = \cos\theta - i\sin\theta$ である。

$$z\overline{z} = (\cos\theta + i\sin\theta)(\cos\theta - i\sin\theta) = (\cos\theta)^2 - (i\sin\theta)^2 = \cos^2\theta + \sin^2\theta = 1$$

であるから、$\overline{z} = \dfrac{1}{z}$.

13.3 三角不等式

三角不等式

すべての複素数 z, w に対して次の不等式が成り立つ。

$$|z+w| \leq |z| + |w|.$$

証明：両辺は非負の実数なので、平方して比べてもよい。

$$\begin{aligned}(|z|+|w|)^2 - |z+w|^2 &= (|z|^2 + 2|z||w| + |w|^2) - (z+w)\overline{(z+w)} \\ &= (|z|^2 + 2|z||w| + |w|^2) - (z\overline{z} + z\overline{w} + \overline{z}w + w\overline{w}) \\ &= 2|\overline{z}w| - 2\mathrm{Re}\,(\overline{z}w) \geq 0\end{aligned}$$

13.4 応用：代数学の基本定理

実係数の方程式 $t^2+1=0$ は実数解を持たない。つまり、実係数の多項式 t^2+1 は実数の範囲でこれ以上の因数分解ができない。しかし、i を導入すると、因数分解できるようになる：

$$t^2+1 = t^2-(-1) = t^2-i^2 = (t-i)(t+i).$$

ポイントは、実数でない解 i とその共役 $\overline{i}$ がペアで出て来ることである。

一般の実多項式は、次の定理のように因数分解できる。

代数学の基本定理（実係数の場合）

すべての実多項式 $f(t)$ は複素数の範囲で次の形に分解する。

$$f(t) = c\prod_{j=1}^{l}(t-a_j)^{d_j}\prod_{j=1}^{m}(t-\alpha_j)^{e_j}(t-\overline{\alpha_j})^{e_j}$$

ここで、c, a_j は実数、α_j は虚数、$\overline{\alpha_j}$ は α_j の複素共役、l, m, d_j, e_j は非負整数、$\prod$ は積を表す。

特に、$f(x)$ が 2 次式で最高次の係数が 1 のとき：

$$t^2+pt+q = \begin{cases}(t-a)^2 & a \text{ は実数} \\ (t-a_1)(t-a_2) & a_1, a_2 \text{ は相異なる実数} \\ (t-\alpha)(t-\overline{\alpha}) & \alpha \text{ は実数でない複素数}\end{cases}$$

と馴染みのある分類になる。

代数学の基本定理（複素係数の場合）

すべての複素多項式 $f(z)$ は複素数の範囲で複素一次式の積に分解する。

$$f(z) = c\prod_{k=1}^{n}(z-\alpha_k)$$

ここで、c, α_k は複素数。

特に、n 次複素多項式は、重複を込めて n 個の複素数解を持つ。

例題 86. 方程式

$$t^3 - 3t^2 + 4t - 2 = 0$$

の実数解をすべて求めよ。また、複素数解をすべて求めよ。

► 解　とにかく因数分解をすればよい。左辺の多項式に $t=1$ を代入すると 0 になるので、$t-1$ で割り切れる。割り算を実行すると、

$$t^3 - 3t^2 + 4t - 2 = (t-1)(t^2-2t+2).$$

第 2 の因子 t^2-2t+2 は判別式の値が負であり、実数解をもたない。したがって、この方程式の実数解は $t=1$ のみである。さらに、t^2-2t+2 を複素数の範囲で因数分解すると

$$t^2-2t+2 = (t-(1+i))(t-(1-i))$$

なので、複素数解は $t = 1, 1+i, 1-i$ の 3 個。

13.5 演習問題

問題 69. $z = -2 + 4i, w = 1 - i$ とおく。次の複素数を計算せよ。

[1] $(2z + 3w) + \overline{2i(4 + z)}$

[2] $\dfrac{1}{z} + \dfrac{1}{w}$

[3] $|z|^2 + w\overline{w}$

問題 70. $z = \dfrac{5}{3 + 4i}, w = \dfrac{5}{4 + 3i}$ とおく。次の複素数を計算せよ。

[1] $z + w$

[2] zw

[3] $z^2 + w^2$

問題 71. すべての複素数 z, w に対して、

$$\overline{zw} = \overline{z}\,\overline{w}$$

が成り立つことを示せ。

問題 72. $z = -1 + \sqrt{3}i,\ w = 2 - 2i$ の大きさと偏角をそれぞれ求め、極形式で表せ。

問題 73.

[1] 複素 2 次方程式 $t^2 - 2t + 5 = 0$ を解け。

[2] 自然数 $n \geq 2$ に対して、1 の相異なる n 乗根を $z_0, z_1, \ldots, z_{n-1}$ とする。

$$z_0 + z_1 + \cdots + z_{n-1} = 0,$$
$$z_0 z_1 \cdots z_{n-1} = (-1)^{n-1}$$

を示せ。

13.6　演習問題解答

解答 69. $-9+i, \dfrac{4+3i}{10}, 22.$

解答 70.

[1] $\dfrac{7-7i}{5}$

[2] $-i$

[3] $-\dfrac{48}{25}i.$

解答 71. $z = x+yi, w = u+vi$ （x, y, u, v 実数）とすると、

$$\overline{zw} = \overline{(x+yi)(u+vi)} = \overline{(xu-yv)+(xv+yu)i} = (xu-yv)-(xv+yu)i.$$

$$\overline{z}\,\overline{w} = (x-yi)(u-vi) = (xu-yv)-(xv+yu)i.$$

なので両辺は等しい。

解答 72. 大きさは $2, 2\sqrt{2}$, 偏角は $\dfrac{2}{3}\pi, -\dfrac{\pi}{4}.$

$$z = 2\left(\cos\left(\frac{2}{3}\pi\right) + i\sin\left(\frac{2}{3}\pi\right)\right)$$
$$w = 2\sqrt{2}\left(\cos\left(-\frac{\pi}{4}\right) + i\sin\left(-\frac{\pi}{4}\right)\right)$$

解答 73. [1] $t = 1 \pm 2i.$

[2] 複素多項式 $t^n - 1$ は n 個の相異なる複素数解を用いて、

$$t^n - 1 = (t-z_0)(t-z_1)\cdots(t-z_{n-1})$$

と因数分解できる。両辺の t^{n-1} の係数と定数項を比べると、等式

$$0 = -(z_0 + z_1 + \cdots + z_{n-1}),$$
$$(-1)^{n-1} = z_0 z_1 \cdots z_{n-1}$$

を得る。

13.7 コラム：パラダイムシフト＆ゲシュタルトスイッチ

▶ **パラダイムシフト**とは？

ある分野で有力とされていた学説が大きく変わること。学界や社会全体で既存の理論が根底から覆されること。典型的な例として、物理学の

コペルニクス的転回： 天動説 ⟶ 地動説 がある。

個人レベルでこのようなことが起こるのが**ゲシュタルトスイッチ**である。

> ゲシュタルトとは、ドイツ語で全体という意味。「ゲシュタルト心理学」という心理学の一分野がある。われわれは通常は「地」（＝全体）に何か「図」（＝部分）があると認識しがちだが、見方によってときには図と地が反転する（＝ゲシュタルトスイッチ）。ルビンのツボ、ウサギとアヒルなどの例を知っている人もいるだろう。すなわち、ある現象を一面から見るだけでは全体像をつかむことはできない。複数の視点を同時に持つことができれば、より深い理解に至ることができる。

しかし、「ゲシュタルトをスイッチして下さい」と指示してすぐに実行してもらうのはきわめて難しい。ゲシュタルトスイッチは長い時間をかけて徐々に行われていくものだからだ（脳の柔軟性の個人差も大きい）。ただし、1回でも経験してもらえばその後は抵抗がなくなる。

実数しか知らない人に、複素数のようなまったく新しいコンセプトを受け入れてもらうには、まずこのような2つのコンセプトを紹介しておくとよいだろう。

第14章　オイラーの公式

最後に、複素数、三角関数、二項係数、２次の行列の絶妙な関係を示すオイラーの公式を紹介する。行列の理論が微分積分学と密接な関係にあるのは不思議だ。

14.1　幾何学的解釈

複素数 $x1 + yi$ と平面上のベクトル $\begin{pmatrix} x \\ y \end{pmatrix} = x\begin{pmatrix} 1 \\ 0 \end{pmatrix} + y\begin{pmatrix} 0 \\ 1 \end{pmatrix}$ を同一視しよう。すると、以下の４つの演算はベクトルを用いて自然な幾何学的解釈ができる：

和： 平行移動

実数倍： 拡大・縮小（$a < 0$ のときは、向きの反転）

共役： x 軸に関する折り返し

大きさ： 原点からの距離

問題は積である。**なぜ $i^2 = -1$ を満たすように積を定めたのか？**
この理由は、複素数の積は原点を中心とした**回転**を表すことができるからである。
まずは、基本的な事実を確認しておく。

回転と直交座標

平面上の点 $\begin{pmatrix} x \\ y \end{pmatrix}$ を原点 O を中心に角 θ 回転すると

$\begin{pmatrix} x\cos\theta - y\sin\theta \\ x\sin\theta + y\cos\theta \end{pmatrix}$ へ移る。　（※ θ は負でもよい）

例　点 $\begin{pmatrix} 1 \\ \sqrt{3} \end{pmatrix}$ を原点を中心に $\frac{\pi}{2}$ 回転すると、

$$\begin{pmatrix} 1 \cdot 0 - \sqrt{3} \cdot 1 \\ 1 \cdot 1 - \sqrt{3} \cdot 0 \end{pmatrix} = \begin{pmatrix} -\sqrt{3} \\ 1 \end{pmatrix}$$

へ移る。$\begin{pmatrix} 1 \\ \sqrt{3} \end{pmatrix}$ を原点を中心に $-\frac{\pi}{6}$ 回転すると、

$$\begin{pmatrix} 1 \cdot \left(\frac{\sqrt{3}}{2}\right) - \sqrt{3} \cdot (-\frac{1}{2}) \\ 1 \cdot \left(-\frac{\sqrt{1}}{2}\right) + \sqrt{3} \cdot \left(\frac{\sqrt{3}}{2}\right) \end{pmatrix} = \begin{pmatrix} \sqrt{3} \\ 1 \end{pmatrix}$$

へ移る。

しかし、この公式は覚えづらいだろう。そもそも xy 座標（＝直交座標）は回転をうまく表すようにできていないのだ。ところが、極座標ならうまくいくはずだ。実は、$i^2 = -1$ をみたす変数 i を導入するだけで、回転の計算が代数的にできてしまう。

14.2　回転と複素数

単位円周上にある複素数

$$\cos\theta + i \sin\theta, \quad 0 \le \theta < 2\pi$$

を記号 $e^{i\theta}$ で表そう。複素数の積

$$(x + yi)e^{i\theta}$$

を計算すると、

$$(x\cos\theta - y\sin\theta) + (x\sin\theta + y\cos\theta)i$$

となる。つまり、

$$z \mapsto ze^{i\theta}$$

は複素数 z の原点を中心とする**回転**を表す：

$$\arg(ze^{i\theta}) \equiv \arg(z) + \theta \pmod{2\pi}$$

$|e^{i\theta}|=1$ なので、大きさは変えず、偏角のみが変わるわけだ。特に、複素数の中でも単位円周上にある点どうしの積を考えると、**加法定理**

$$(\cos\alpha+i\sin\alpha)(\cos\beta+i\sin\beta)=\cos(\alpha+\beta)+i\sin(\alpha+\beta),$$

つまり　$e^{i\alpha}e^{i\beta}=e^{i(\alpha+\beta)}$

が成り立つ。この系として、$\alpha=\beta=\theta$ とすればすべての自然数 n に対して

ド・モアブルの定理　$(\cos\theta+i\sin\theta)^n=\cos n\theta+i\sin n\theta$

が成り立つ。

例題 87. $z=\dfrac{1+i}{\sqrt{2}}, w=\dfrac{-1+\sqrt{3}i}{2}$ とする。z^{11}, w^{12} を計算せよ。

▶ 解

$$z=\cos\frac{\pi}{4}+i\sin\frac{\pi}{4},\quad w=\cos\frac{2}{3}\pi+i\sin\frac{2}{3}\pi$$

なので、ド・モアブルの定理より

$$z^{11}=\cos\frac{11}{4}\pi+i\sin\frac{11}{4}\pi=\frac{-1+i}{\sqrt{2}},$$
$$w^{12}=\cos\frac{24}{3}\pi+i\sin\frac{24}{3}\pi=1.$$

驚くことに、ド・モアブルの定理から $\sin/\cos$ の n 倍角の公式が導ける。$n=2,3$ で確かめてみよう。二項定理を用いると、

$$\begin{aligned}(e^{i\theta})^2&=(\cos\theta+i\sin\theta)^2\\&=(\cos\theta)^2+2\cos\theta\, i\sin\theta+(i\sin\theta)^2\\&=(\cos^2\theta-\sin^2\theta)+i(2\sin\theta\cos\theta).\end{aligned}$$

一方で、

$$e^{i(2\theta)}=\cos(2\theta)+i\sin(2\theta)$$

であるから、$(e^{i\theta})^2=e^{i(2\theta)}$ の実部と虚部を比べると、倍角の公式

$$\cos 2\theta=\cos^2\theta-\sin^2\theta,$$
$$\sin 2\theta=2\sin\theta\cos\theta$$

を得る。同様にして、

$$
\begin{aligned}
(e^{i\theta})^3 &= (\cos\theta + i\sin\theta)^3 = \cos^3\theta + 3i\cos^2\theta\sin\theta - 3\cos\theta\sin^2\theta - i\sin^3\theta \\
&= (\cos^3\theta - 3\cos\theta\sin^2\theta) + i(3\cos^2\theta\sin\theta - \sin^3\theta)
\end{aligned}
$$

より 3 倍角の公式

$$
\begin{aligned}
\cos 3\theta &= \cos^3\theta - 3\cos\theta\sin^2\theta, \\
\sin 3\theta &= 3\cos^2\theta\sin\theta - \sin^3\theta
\end{aligned}
$$

を得る。したがって、倍角、3 倍角の公式に現れる係数 “±1”, “±2”, “±3” などは、二項係数と $i^2 = -1$ の積でできたものである。虚数単位 i を考えただけで三角関数と二項係数が結びつく。不思議としか言いようがない。パスカルの三角形の $4j+2, 4j+3$ 列目 $(j = 0, 1, 2, \ldots)$ にマイナスの符号をつけたものを**虚パスカルの三角形**と呼ぶ（ただし、0 列から始まる)。これらの整数列から n 倍角の公式が容易に導けることになる。

実パスカルの三角形と虚パスカルの三角形

$$
\begin{array}{llllll}
1 & & & & & \\
1 & 1 & & & & \\
1 & 2 & 1 & & & \\
1 & 3 & 3 & 1 & & \\
1 & 4 & 6 & 4 & 1 & \\
1 & 5 & 10 & 10 & 5 & 1
\end{array}
\qquad
\begin{array}{llllll}
1 & & & & & \\
1 & 1 & & & & \\
1 & 2 & -1 & & & \\
1 & 3 & -3 & -1 & & \\
1 & 4 & -6 & -4 & 1 & \\
1 & 5 & -10 & -10 & 5 & 1
\end{array}
$$

14.3　複素数と行列

虚数単位 i が便利なことはわかったが、では正体はいったい何なのか。

実は、2次の正方行列を用いて複素数の存在を正統化できる。2 次の行列で

$$
C = \left\{ \begin{pmatrix} x & -y \\ y & x \end{pmatrix} \middle| \, x, y \text{ は実数} \right\} \subseteq \left\{ \begin{pmatrix} a_{11} & a_{12} \\ a_{21} & a_{22} \end{pmatrix} \middle| \, a_{ij} \text{ は実数} \right\}
$$

という部分集合を考える。C 上に次の 5 種類の演算を定めよう。

和： 行列の和をそのまま用いる。

$$\begin{pmatrix} x & -y \\ y & x \end{pmatrix} + \begin{pmatrix} u & -v \\ v & u \end{pmatrix} = \begin{pmatrix} x+u & -(y+v) \\ y+v & x+u \end{pmatrix}$$

実数倍： $a\begin{pmatrix} x & -y \\ y & x \end{pmatrix} = \begin{pmatrix} ax & -ay \\ ay & ax \end{pmatrix}$　(a は実数)

転置： ${}^t\begin{pmatrix} x & -y \\ y & x \end{pmatrix} = \begin{pmatrix} x & y \\ -y & x \end{pmatrix}$

大きさ： $\left|\begin{pmatrix} x & -y \\ y & x \end{pmatrix}\right|^{1/2} = \sqrt{x^2+y^2}$

積： 行列の積をそのまま用いる。

$$\begin{pmatrix} x & -y \\ y & x \end{pmatrix}\begin{pmatrix} u & -v \\ v & u \end{pmatrix} = \begin{pmatrix} xu-yv & -(xv+yu) \\ xv+yu & xu-yv \end{pmatrix}$$

すると、

$$x+yi \longleftrightarrow \begin{pmatrix} x & -y \\ y & x \end{pmatrix}$$

により “**C**” と “C” の要素と演算が 1 対 1 に対応する。特に、$I = \begin{pmatrix} 0 & -1 \\ 1 & 0 \end{pmatrix}$ とおくと、

$$I^2 = \begin{pmatrix} 0 & -1 \\ 1 & 0 \end{pmatrix}\begin{pmatrix} 0 & -1 \\ 1 & 0 \end{pmatrix} = -\begin{pmatrix} 1 & 0 \\ 0 & 1 \end{pmatrix} = -E$$

(cf. $i^2 = (0+1i)(0+1i) = -1+0i = -1$) となり、$I$ はいわば $-E$ の平方根である。すなわち、“$i^2 = -1$”はある 2 次の行列の積の計算を簡略に表現したものだといえる。要するに、i の多項式の計算をしているようでも、実は行列の計算をしていたわけだ。

14.4　オイラーの等式

実数 θ に対して、大きさが 1 の行列 $E(\theta) = \begin{pmatrix} \cos\theta & -\sin\theta \\ \sin\theta & \cos\theta \end{pmatrix}$ を考えよう。

$$\begin{pmatrix} \cos\theta & -\sin\theta \\ \sin\theta & \cos\theta \end{pmatrix}\begin{pmatrix} x \\ y \end{pmatrix} = \begin{pmatrix} x\cos\theta - y\sin\theta \\ x\sin\theta + y\cos\theta \end{pmatrix}$$

なので、上で見たようにこれはベクトルの回転を表す行列である。(文字 E は巨人 Euler にちなむ)

[1] "加法定理" $E(\alpha)E(\beta) = E(\alpha+\beta)$ と "ド・モアブルの定理" $E(\theta)^n = E(n\theta)$ はすでに見たとおり。

[2] $E(0) = E =$ 単位行列, $E(\pi) = -E$, $|E(\theta)| = 1$, $E(-\theta) = {}^tE(\theta)$ (逆回転=転置) が成り立つ。

$$E = E(0) = \begin{pmatrix} 1 & 0 \\ 0 & 1 \end{pmatrix},\ I = E\left(\frac{\pi}{2}\right) = \begin{pmatrix} 0 & -1 \\ 1 & 0 \end{pmatrix}$$ とおく。すると、

$$E(\pi) = I^2 = \begin{pmatrix} 0 & -1 \\ 1 & 0 \end{pmatrix}\begin{pmatrix} 0 & -1 \\ 1 & 0 \end{pmatrix} = -\begin{pmatrix} 1 & 0 \\ 0 & 1 \end{pmatrix} = -E$$

(cf. $i^2 = (0+1i)(0+1i) = -1+0i = -1$) となり、$I$ はいわば $-E$ の平方根である。

C と $\mathbf{C}$ の対応で $E(\theta) \longleftrightarrow e^{i\theta}$, $E \longleftrightarrow 1$, であるから、上の行列の等式を複素数の形で書くと、数学の 3 大定数 e, π, i が一堂に会した**オイラーの等式**

$$e^{i\pi} = -1$$

を得る (数学者が美しいと思う数式の世界ランキング No.1)。

なお、虚数とは imaginary number の訳語であり "ウソの数" という意味ではない (ウソはくちへんがつく "嘘")。想像上の数、仮想の数というニュアンスで「現実」と「虚構」の境界に位置する。

この式がどれだけ素晴らしいか — 著名な物理学者リチャード・ファインマンは次の言葉を残している (ファインマンの専門である現実世界の素粒子の研究には、なぜか虚数が出て来るのだ)。

We summarize with this, the most remarkable formula in mathematics:

$$e^{i\theta} = \cos\theta + i\sin\theta.$$

This is our jewel. Richard Feynmann

14.5　マクローリン級数とオイラーの公式

微分可能な関数 $y = f(x)$ を考え、その n 階導関数を $f^{(n)}(x)$ で表す。
$\sin x, \cos x$ の高階導関数列は周期が 4 である：

$$(\sin x)^{(n)} = \begin{cases} \sin x & n = 4m \\ \cos x & n = 4m+1 \\ -\sin x & n = 4m+2 \\ -\cos x & n = 4m+3 \end{cases} \quad (m \text{ は非負整数})$$

$$(\cos x)^{(n)} = \begin{cases} \cos x & n = 4m \\ -\sin x & n = 4m+1 \\ -\cos x & n = 4m+2 \\ \sin x & n = 4m+3 \end{cases} \quad (m \text{ は非負整数})$$

この 2 つはまとめて次のように図示できる。

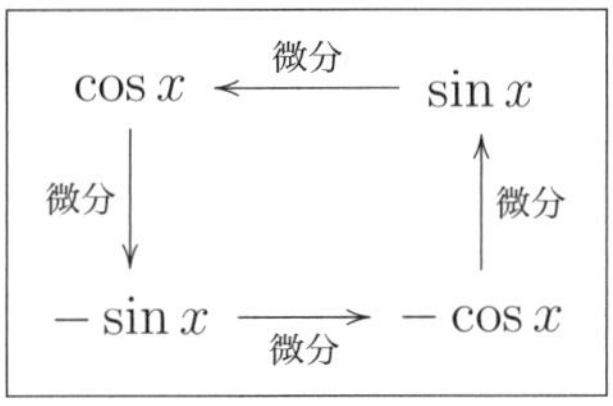

$$\begin{array}{ccc} \cos x & \xleftarrow{\text{微分}} & \sin x \\ \text{微分}\downarrow & & \uparrow\text{微分} \\ -\sin x & \xrightarrow[\text{微分}]{} & -\cos x \end{array}$$

一方、$i^2 = -1$, $i^3 = -i$, $i^4 = (-1)^2 = 1$ であるから、i のベキは周期 4, つまり非負整数 n に対して、

$$i^n = \begin{cases} 1 & n = 4m \\ i & n = 4m+1 \\ -1 & n = 4m+2 \\ -i & n = 4m+3 \end{cases} \quad (m \text{ は非負整数})$$

なので、sin / cos の高階導関数に酷似していることがわかる。

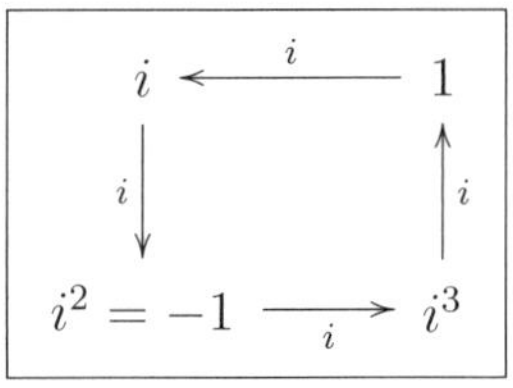

$$\begin{array}{ccc} i & \xleftarrow{i} & 1 \\ i\downarrow & & \uparrow i \\ i^2 = -1 & \xrightarrow[i]{} & i^3 \end{array}$$

複素数平面上で i をかけることは、$\frac{\pi}{2}$ の回転に対応するから次のように表してもよい。

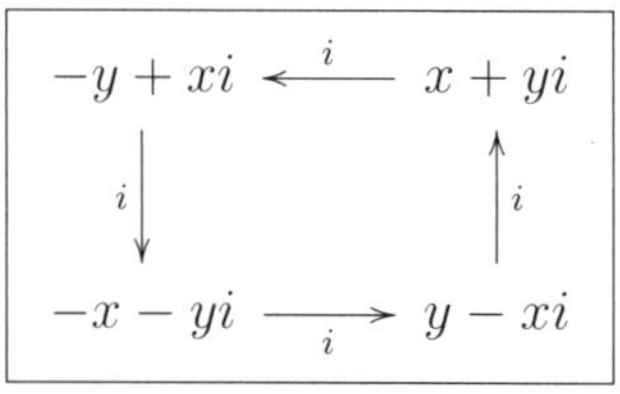

$$\begin{array}{ccc} -y+xi & \xleftarrow{\;i\;} & x+yi \\ \big\downarrow i & & \big\uparrow i \\ -x-yi & \xrightarrow[\;i\;]{} & y-xi \end{array}$$

これは三角関数の関係式

$$\cos x = \sin\left(x+\frac{\pi}{2}\right), \qquad -\sin x = \sin\left(x+\pi\right),$$

$$-\cos x = \sin\left(x+\frac{3}{2}\pi\right), \qquad \sin(x+2\pi) = \sin x$$

とまったく同じである。

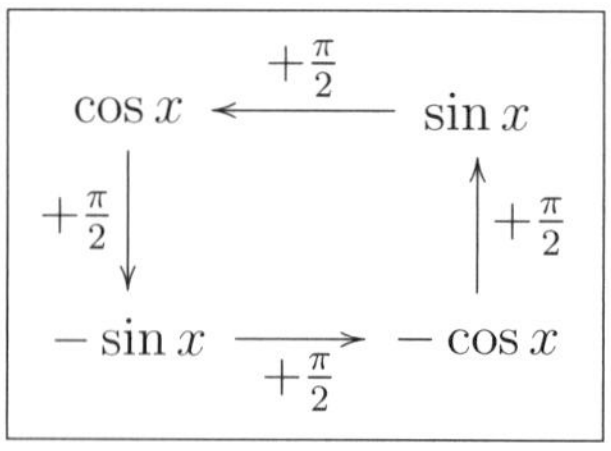

$$\begin{array}{ccc} \cos x & \xleftarrow{+\frac{\pi}{2}} & \sin x \\ +\frac{\pi}{2}\big\downarrow & & \big\uparrow +\frac{\pi}{2} \\ -\sin x & \xrightarrow[+\frac{\pi}{2}]{} & -\cos x \end{array}$$

ベキ級数とは、

$$\sum_{n=0}^{\infty} a_n x^n \quad \text{のように定数}\times\text{ベキ乗の無限和で表される関数}$$

である。ベキ級数の和やスカラー倍は

$$\sum_{n=0}^{\infty} a_n x^n + \sum_{n=0}^{\infty} b_n x^n = \sum_{n=0}^{\infty}(a_n+b_n)x^n, \quad \lambda\left(\sum_{n=0}^{\infty} a_n x^n\right) = \sum_{n=0}^{\infty}(\lambda a_n)x^n$$

で定める（ベクトルの場合と発想は同じ）。

次の定理が成り立つ。

テイラーの定理

三角関数や指数関数は $f(x)$ は $x=0$ の近くで次のベキ級数表示をもつ。

$$f(x)=\sum_{n=0}^{\infty}\frac{f^{(n)}(0)}{n!}x^n$$

この右辺を $f(x)$ の**マクローリン級数**、$\dfrac{f^{(n)}(0)}{n!}$ を n 次の**マクローリン係数**と呼ぶ。(証明の詳細は、微分積分や複素解析の教科書に譲る)

例題 88. 次の関数のマクローリン級数をそれぞれ求めよ：$\sin x, e^x$.

▶ 解　$f(x)=\sin x,\ a_n=\dfrac{f^{(n)}(0)}{n!}$ とする。

$$f^{(n)}(x)=\begin{cases}\sin x & n=4m\\ \cos x & n=4m+1\\ -\sin x & n=4m+2\\ -\cos x & n=4m+3\end{cases}\qquad (m\text{ は非負整数})$$

であるから、

$$a_n=\begin{cases}0 & n=4m\\ \dfrac{1}{n!} & n=4m+1\\ 0 & n=4m+2\\ -\dfrac{1}{n!} & n=4m+3\end{cases}\qquad (m\text{ は非負整数}).$$

よって、

$$\sin x=\sum_{n=0}^{\infty}a_nx^n=\sum_{k=0}^{\infty}\frac{(-1)^k}{(2k+1)!}x^{2k+1}.$$

また $g(x)=e^x,\ b_n=\dfrac{g^{(n)}(0)}{n!}$ とすると、$g^{(n)}(x)=(e^x)^{(n)}=e^x$ なので、$b_n=\dfrac{1}{n!}$.
よって、

$$e^x=\sum_{n=0}^{\infty}b_nx^n=\sum_{n=0}^{\infty}\frac{1}{n!}x^n.$$

同様にして、

$$\cos x = \sum_{k=0}^{\infty} \frac{(-1)^k}{(2k)!} x^{2k}$$

も示せる。これは章末問題とする。

さて、以上の3つのマクローリン級数を見比べてみよう。

$$\begin{aligned}
\sin x &= & & \frac{1}{1!}x & & - \frac{1}{3!}x^3 & + \cdots \\
\cos x &= \frac{1}{0!} & & & - \frac{1}{2!}x^2 & & + \cdots \\
e^x &= \frac{1}{0!} & + & \frac{1}{1!}x & + \frac{1}{2!}x^2 & + \frac{1}{3!}x^3 & + \cdots
\end{aligned}$$

上の式で $x = i\theta$ とすると、**オイラーの等式**

$$\begin{aligned}
e^{i\theta} &= \frac{1}{0!} + \frac{1}{1!}(i\theta) + \frac{1}{2!}(i\theta)^2 + \frac{1}{3!}(i\theta)^3 + \cdots \\
&= \left(\frac{1}{0!} - \frac{1}{2!}\theta^2 + \cdots\right) + i\left(\frac{1}{1!}\theta - \frac{1}{3!}\theta^3 + \cdots\right) \\
&= \cos\theta + i\sin\theta
\end{aligned}$$

を得る。

14.6 加法定理とピタゴラスの定理

以上の議論から、複素数まで視野を広げると、$\sin, \cos, \pi, e, i$ にはいろいろな関係があることがわかった。ここでまとめておく。

$e, i, \sin, \cos$ の関係 — 全体像

$$\begin{cases} e^{i\theta} &= \cos\theta + i\sin\theta \\ e^{-i\theta} &= \cos\theta - i\sin\theta \end{cases} \iff \begin{cases} \cos\theta = \dfrac{e^{i\theta} + e^{-i\theta}}{2} \\ \sin\theta = \dfrac{e^{i\theta} - e^{-i\theta}}{2} \end{cases}$$

ここから、意外かもしれないがピタゴラスの定理や指数定理が加法定理から導けることがわかる。

“指数法則 $\iff$ 加法定理”の関係：

$$e^{i\theta}e^{i\theta'} = e^{i\theta + i\theta'} \quad \iff \quad \sin, \cos \text{の加法定理}$$

が成り立つ。特に、“逆数の関係式 $\Longleftrightarrow$ ピタゴラスの定理”

$$e^{i\theta}e^{-i\theta} = 1 \quad \Longleftrightarrow \quad \cos^2\theta + \sin^2\theta = 1$$

が成り立つ。

参考　吉田武『オイラーの贈物〜人類の至宝 $e^{i\pi} = -1$ を学ぶ』東海大学出版会、2010.

14.7 演習問題

問題 74. マイナスのド・モアブルの定理：すべての負の整数 m に対して、

$$(\cos\theta + i\sin\theta)^m = \cos(m\theta) + i\sin(m\theta)$$

が成り立つことを示せ。

問題 75. $\begin{pmatrix} 2 \\ -3 \end{pmatrix}$ を $\dfrac{3}{4}\pi$ 回転した点を複素数で示せ。

問題 76. ド・モアブルの定理を用いて、次の複素数を計算せよ。

$$(1-\sqrt{3}i)^8$$

$$(1+i)^{-4}$$

問題 77. $(e^{i\theta})^4$ を二項定理で展開して、$\sin 4\theta, \cos 4\theta$ を $\sin\theta, \cos\theta$ の多項式で表せ。

問題 78. $\cos x$ のマクローリン級数を計算せよ。

14.8 演習問題解答

解答 74. $m=-1$ のとき、

$$(\cos\theta + i\sin\theta)^{-1} = \frac{\cos\theta - i\sin\theta}{(\cos\theta + i\sin\theta)(\cos\theta - i\sin\theta)} = \cos(-\theta) + i\sin(-\theta)$$

なので、成り立つ。$m \le -2$ のとき、$n=-m$ とすると、自然数 n に対してはド・モアブルの定理が成り立つから、

$$\begin{aligned}(\cos\theta + i\sin\theta)^m &= (\cos\theta + i\sin\theta)^{-n} \\ &= \left((\cos\theta + i\sin\theta)^{-1}\right)^n \\ &= (\cos(-\theta) + i\sin(-\theta))^n \\ &= \cos n(-\theta) + i\sin n(-\theta) \\ &= \cos m\theta + i\sin m\theta.\end{aligned}$$

解答 75. $256\left(\dfrac{-1-\sqrt{3}i}{2}\right),\ -\dfrac{1}{4}.$

解答 76. $\dfrac{\sqrt{2}}{2}(1+5i)$

解答 77.

$$(\cos\theta + i\sin\theta)^4 = \cos^4\theta + 4i\cos^3\theta\sin\theta - 6\cos^2\theta\sin^2\theta - 4i\cos\theta\sin^3\theta + \sin^4\theta$$

であるから、

$$\begin{aligned}\cos 4\theta &= \cos^4\theta - 6\cos^2\theta\sin^2\theta + \sin^4\theta, \\ \sin 4\theta &= 4\cos^3\theta\sin\theta - 4\cos\theta\sin^3\theta.\end{aligned}$$

解答 78. $f(x)=\cos x$ とすれば、

$$a_n = \frac{f^{(n)}(0)}{n!} = \begin{cases} \dfrac{1}{n!} & n=4m \\ 0 & n=4m+1 \\ -\dfrac{1}{n!} & n=4m+2 \\ 0 & n=4m+3 \end{cases} \qquad (n \text{ は非負整数})$$

であるから、$\cos x = \displaystyle\sum_{k=0}^{\infty} \frac{(-1)^k}{(2k)!} x^{2k}.$

14.9 コラム：システム1と2

ノーベル経済学賞を受賞した心理学者ダニエル・カーネマンによると、人間は2つの思考システムで動いている。彼はそれらを**システム1（速い思考）**と**システム2（遅い思考）**と呼んだ。

- システム1：
  - デフォルトはこれ。慣れ親しんだこと、無意識でできるようなことはこのモードで行う。
  - 基本的に既知の情報を用いて思考する。新しい情報や興味のない情報はスルー。
  - 即断即決が基本なので、保留はできない。
  - 現在の目の前に見えることを処理する能力は高いが、過去や未来のことや見えないことまで考えるのが苦手。機会損失まで考慮できない。
  - バイアスが強く出る：大した理由や根拠もないのに好き嫌い、感情、印象、前例、経験などで安易な結論を出す。
- システム2：
  - 複雑な選択、計算、価値の比較、損得勘定などを行う。厳密な論理や統計も扱える。
  - 新しいコンセプトを受け容れたり、創造したりする。
  - 結論を先送りにできる。
  - 見えないもの、遠い過去や未来のことまで考えられる。
  - システム1との大きな違いは、注意力（セルフコントロール）が必要なことだ。これは限られた資源であり、使い果たすとすべてシステム1で考えるようになる（この現象を**自我消耗**と呼ぶ）。

人によってシステム2の使用頻度は異なる（※訓練しだいで変えられる）。まったく新しい情報を脳に入れるには、どこかでシステム2を使う必要がある。そうすれば、記憶に残りやすいし、深い理解に至ることができる。

ダニエル・カーネマン『ファスト＆スロー～あなたの意思はどうやって決まるか？ ～』（村井章子訳、早川書房）

参考文献

[川久保] 川久保勝夫『線型代数学（新装版）』日本評論社、2012.

[斉藤] 斉藤正彦『線型代数入門』東京大学出版会、1966.

[藤田] 藤田岳彦ほか『よくわかる線型代数』実教出版、2011.

[吉田] 吉田武『オイラーの贈物〜人類の至宝 $e^{i\pi}=-1$ を学ぶ〜』東海大学出版会、2010.

索 引

一次結合, 25
一次従属, 26, 121
一次独立, 26
入れ子, 127
上三角行列, 8
オイラーの等式, 150, 154
大きさ, 13, 138
階数, 66
外積, 18
階段行列, 62, 78
回転, 145, 146
可換, 48
拡大係数行列, 73
型, 2
加法定理, 147
基本行列, 96
基本ベクトル, 2
基本変形, 59
逆行列, 48, 92
行基本変形, 59
行ベクトル, 2
行列, 4
行列式, 93, 106
極形式, 139
虚数単位, 135
虚部, 137
距離, 14
グラム・シュミットの直交化法, 27
クラメルの公式, 104
クロネッカーデルタ, 129
係数行列, 73
ゲシュタルトスイッチ, 144
交代性, 117
コーシー・シュワルツの不等式, 16
コペルニクス的転回, 144
座標, 33
三角行列, 8
次元, 2
（解の）次元, 75
システム 1, 158
システム 2, 158
下三角行列, 8
実部, 137
自明な解, 86
主成分, 62
純虚数, 137
小行列, 125
スカラー, 2
（ベクトルの）スカラー倍, 3
正規直交系, 27
正規ベクトル, 14
成分, 2
（行列の）積, 36
ゼロベクトル, 2
線型代数, 1
対角行列, 8
代数, 3
多重線型性, 116

単位円, 139
単位行列, 40
単位ベクトル, 14
チャンク, 12
直交, 17
転置行列, 7
転置不変性, 114
同次形, 86
同値関係, 67
解く, 72
ド・モアブルの定理, 147
内積, 15, 36
長さ, 13
なす角, 17
掃き出し法, 63
パラダイムシフト, 144
複素数, 135
不変性, 117
ブラケット積, 54
ベキ級数, 152
ベキ乗, 39
ベキ単, 52
ベキ等, 52
ベキ零, 52
ベクトル, 2
偏角, 138
マクローリン級数, 153
マクローリン係数, 153
ヤコビの公式, 21, 56
余因子, 125
余因子行列, 128
余因子展開, 126
ランク, 66
零因子, 40
列基本変形, 59
列ベクトル, 2
連立一次方程式, 72
（ベクトルの）和, 3

■著者紹介

小林雅人（こばやし・まさと）

2010年　テネシー大学ノックスビル校博士課程修了
ph. D (Mathematics)
現在　神奈川大学講師、一橋大学講師
著書　あみだくじの数学、共立出版、2011.
　　　鏡映の数学、丸善、2016.
　　　LaTeX 快適タイピング、工学社、2016.

線型代数＋α

2017年4月10日　初版第1刷発行

■著　　者――小林雅人
■発 行 者――佐藤　守
■発 行 所――株式会社**大学教育出版**
　　　　　　〒700-0953　岡山市南区西市855-4
　　　　　　電話(086)244-1268(代)　FAX(086)246-0294
■印刷製本――モリモト印刷(株)
■Ｄ Ｔ Ｐ――ティーボーンデザイン事務所

ISBN978-4-86429-448-5